Abiodun Olushola Salami
Yinka Abdulkadir Salako

Avaliação in vitro das potencialidades de biocontrolo de Bacillus subtilis

Abiodun Olushola Salami
Yinka Abdulkadir Salako

Avaliação in vitro das potencialidades de biocontrolo de Bacillus subtilis

ScienciaScripts

Imprint

Cover image: www.ingimage.com

This book is a translation from the original published under ISBN 978-620-2-19722-9.

Publisher:
Sciencia Scripts
is a trademark of
Dodo Books Indian Ocean Ltd. and OmniScriptum S.R.L publishing group

120 High Road, East Finchley, London, N2 9ED, United Kingdom
Str. Armeneasca 28/1, office 1, Chisinau MD-2012, Republic of Moldova, Europe
Printed at: see last page
ISBN: 978-620-8-04320-9

ÍNDICE DE CONTEÚDOS

1. INTRODUÇÃO

Os cogumelos pertencem ao reino fungi, divisão basidiomycota, classe agaricomycetes e ordem agaricales, fazendo parte da diversidade fúngica há cerca de 300 milhões de anos (Chang e Miles, 1992). Um cogumelo é um macrofungo com um corpo de frutificação distinto, que pode ser epígeo ou hipogéneo, mas suficientemente grande para ser visto a olho nu e para ser apanhado à mão (Chang e Miles, 1992). O micélio dos cogumelos é constituído por uma estrutura semelhante a uma árvore, denominada "hifa", que se encontra escondida no solo ou no substrato (Anónimo, 2007). Os cogumelos não possuem o pigmento verde (clorofila) que se encontra nas plantas e, como tal, crescem em materiais orgânicos mortos e em decomposição (Chang, 1991). Uma vez que os cogumelos não têm clorofila, não podem, tal como as plantas verdes, obter a sua energia do sol através da fotossíntese. Em vez disso, durante a sua fase de crescimento vegetativo, os cogumelos, através dos seus micélios, segregam enzimas que decompõem compostos como a celulose e a lignina presentes no substrato. Os compostos degradados são então absorvidos pelas hifas e o micélio aumenta.

Atualmente, sabe-se da existência de mais de 14 000 espécies de cogumelos (Muneera e Sahera, 2014). Destas, cerca de 7.000 espécies são consideradas como possuindo um grau variável de comestibilidade com base na escolha cultural e quase 3.000 espécies de 31 géneros são geralmente consideradas como cogumelos comestíveis de primeira qualidade. Até à data, apenas 200 são cultivadas experimentalmente, 100 são cultivadas economicamente, aproximadamente 60 são cultivadas comercialmente e cerca de 10 são cultivadas à escala industrial em muitos países do mundo (Muneera e Sahera, 2014). As variedades aceitáveis mais importantes entre os tipos cultivados são *Agaricus bisporus* (cogumelo de botão branco), *Lentinula edodes* (Shiitake), *Volvariella* spp. (cogumelo de palha de arroz), *Pleurotus* spp. (cogumelo ostra), *Auricularia polytricha* (cogumelo orelha de judeu), *Calocybe indica* (cogumelo leitoso) (Chang, 1991).

O cogumelo ostra, conhecido localmente como "Olu" na parte sudoeste da Nigéria, é um cogumelo comestível com excelente sabor e paladar. Na Índia, é conhecido localmente como "Dhingi". Os *pleurotos* (*Pleurotus florida*) estão a tornar-se cada vez mais populares como vegetais deliciosos e ricos em proteínas (Stanley, 2011). São o segundo cogumelo mais popular a seguir ao cogumelo botão em todo o mundo (Adejoye *et al.*, 2006). As espécies de *Pleurotus* são caracterizadas por uma pinta branca de esporos ligada a brânquias recorrentes, muitas vezes com um estipe excêntrico (fora do centro) ou sem estipe. O nome comum "cogumelo-ostra" provém da aparência de concha branca do corpo de frutificação (Stanley, 2011). *O Pleurotus florida* é adequado para a bioremediação de solos contaminados devido à sua capacidade de degradar hidrocarbonetos aromáticos policíclicos altamente condensados (Salami e Elum, 2010). Os cogumelos têm sido suplementos alimentares em várias culturas que são cultivadas pela sua comestibilidade e delicadeza. Servem como fontes de proteínas, vitaminas, gorduras, hidratos de carbono, aminoácidos e minerais (Salami *et al.,* 2016). O cogumelo-ostra contém 2035% de proteína em peso seco, o que torna a sua proteína mais elevada do que a dos vegetais e frutos e é bom como ingrediente de alimentos funcionais (Wermer e Beelman, 2002).

Os cogumelos são popularmente chamados "a carne dos vegetarianos", pois contêm todos os nove aminoácidos essenciais necessários para o corpo humano (Syed *et al.*, 2009). Os cogumelos comestíveis são altamente nutritivos e podem ser comparados com o leite e a carne (Oei, 2003). A proteína do cogumelo é intermédia entre a dos animais e a dos vegetais e é de qualidade superior devido à presença de todos os aminoácidos essenciais (Patil *et al.*, 2010). As espécies de *Pleurotus* são consumidas pelos seus valores nutritivos e medicinais (Agrahar-Murugkar e Subbulakshmi, 2005). *Pleurotus* sp. contém um rácio elevado de potássio e sódio, o que torna os cogumelos um alimento ideal para pacientes que sofrem de hipertensão, obesidade, doenças cardíacas e diabetes (Ortega *et. al.*, 1992). Algumas espécies de cogumelos, como *Auricullaria* spp. e *Tremella fuciformis*, são utilizadas para tratar hemorróidas e manter o tecido pulmonar saudável, respetivamente (Ayodele *et al.*, 2009).

De acordo com Sonali (2012), o ácido fólico presente nos cogumelos ostra ajuda a curar a anemia. As cinzas alcalinas e o elevado teor de fibras fazem deles um alimento ideal para quem tem hiperacidez e obstipação. Os cogumelos são uma fonte vegana rara de vitamina D e de ácido linoleico conjugado. Os cogumelos têm propriedades anti-oxidantes devido à presença de compostos como a ergotionina (Dundar *et al.*, 2008).

Os cogumelos desempenham um papel importante na gestão dos resíduos orgânicos que causam uma poluição maciça do ambiente, convertendo-os em alimentos ricos em proteínas (Das e Mukherj/ee, 2007; Akinmusire *et al.*, 2011). Salami e Elum (2010), biorremediaram um solo poluído com petróleo bruto com *Pleurotus pulmonarius* e *Glomus mosseae* usando *Amaranthus hybridus* como planta de teste e descobriram que *o Pleurotus pulmonarius* é um potencial agente biorremediador em locais com poluentes orgânicos como o petróleo bruto. A produção de cogumelos em comunidades rurais pode aliviar a pobreza e melhorar a diversificação da produção agrícola (Godfrey *et al.*, 2010).

Tal como todas as outras culturas, os cogumelos também são afectados negativamente por um grande número de agentes bióticos e factores abióticos. Estes factores abióticos incluem a temperatura, a humidade relativa, o oxigénio, o dióxido de carbono, a humidade e a luz. Os principais grupos de organismos que constituem os agentes bióticos incluem bactérias, fungos e vírus que causam danos diretos ou indirectos aos cogumelos. Estes factores abióticos e bióticos foram considerados como os principais factores que contribuem para uma menor produção de cogumelos, particularmente no sistema de cultivo sazonal natural (Sharma, 1995). A biologia e os danos causados pelas pragas e pelos agentes patogénicos, bem como o seu controlo químico, foram analisados por vários autores

(Sharma, 1995; Sandhu, 1995).

Uma variedade de pragas de insectos, ácaros e nemátodos também pode afetar a produção, diretamente consumindo o tecido de *Pleurotus sajor caju* (pragas micófagas) ou indiretamente danificando o substrato. A presença destes organismos pode causar alergias e podem ser um incómodo para os trabalhadores da exploração de cogumelos. *Trichoderma harzianum*, que é um fungo capaz de causar a doença do bolor verde de *Pleurotus* spp. também pode causar perdas económicas (Shaiesta *et al.*, 2013). As espécies de *Trichoderma* são fungos assexuados e filamentosos pertencentes ao género *Hypocrea*. São amplamente utilizadas como agentes de controlo biológico, mas são patogénicas para os cogumelos.

O controlo biológico refere-se à utilização intencional de organismos vivos introduzidos ou naturais para suprimir as actividades e populações de um ou mais agentes patogénicos para as plantas. O organismo que suprime o agente patogénico é referido como o agente de controlo biológico (Muneera e Sahera, 2014). O controlo biológico apresenta vantagens em relação à utilização de produtos químicos devido à sua gama específica de hospedeiros, sem resíduos tóxicos e com uma natureza autoperpetuante. Reduzem a necessidade de reaplicações frequentes de produtos químicos com uma probabilidade mínima de desenvolvimento de resistência. Os agentes biológicos podem funcionar mais eficazmente se forem associados a um programa de gestão integrada de pragas (GIP) para criar as condições para uma ação de controlo biológico eficaz (Khare *et al.,* 2014). O programa de GIP inclui precauções pré-captura associadas ao uso de produtos químicos em níveis baixos, a fim de reduzir o número de pragas antes da aplicação do agente de controlo biológico. Esta prática pode ultrapassar as limitações do método de controlo biológico, como o tempo mais longo para acções eficazes e a eliminação incompleta de pragas, a fim de evitar a redução/perda de rendimento ou qualidade das culturas.

A utilização de adubos químicos e pesticidas tem causado danos incríveis ao ambiente. Estes agentes, que são perigosos tanto para os animais como para o ser humano, podem persistir e acumular-se nos ecossistemas naturais (Viziteu, 2000). Este problema pode ser resolvido através da substituição de produtos químicos por abordagens biológicas, que são consideradas mais amigas do ambiente (Stanley, 2011). Uma das áreas de investigação emergentes para o controlo de diferentes agentes fitopatogénicos é a utilização de rizobactérias promotoras do crescimento de plantas de controlo biológico (PGPR), que são capazes de suprimir ou prevenir os danos causados pelos fitopatógenos (Stanley, 2011).

O controlo biológico pode ser *in-vitro* ou *in-vitro*. A avaliação in vitro de um agente de controlo biológico tem lugar num ambiente artificial fora de um organismo vivo, que pode ser um tubo de ensaio, uma placa de cultura ou outro local fora de um organismo vivo. São efectuadas com microrganismos, células ou moléculas biológicas fora do seu contexto biológico normal. A avaliação *in vivo* de um agente de controlo biológico ocorre num organismo vivo ou num ambiente natural (Pelkonen e Turpeinen, 2007).

Os cogumelos aumentam a segurança alimentar, a redução da pobreza e possuem numerosos benefícios para a saúde, mas o seu cultivo é ainda limitado. Apesar das limitações no cultivo, a suscetibilidade dos cogumelos aos agentes patogénicos resulta em surtos graves de doenças que conduzem a um rendimento reduzido ou nulo. Por conseguinte, é necessário um controlo biológico dos agentes patogénicos, que é geralmente uma opção barata e respeitadora do ambiente.

Os objectivos específicos desta investigação são os seguintes

(a) avaliar o nível de suscetibilidade de *Pleurotus florida* a *Trichoderma harzianum*; e

(b) investigar a eficiência de *Bacillus subtilis* no controlo da doença do bolor verde causada por *Trichoderma harzianum*

A primeira evidência documentada do cultivo de cogumelos foi na China, em 600 d.C., onde se cultivou o cogumelo orelha-de-pau, *Auricularia auricular*, e mais tarde, entre 800 e 900 d.C., cultivou-se *Flammulina veluptipes* (Chang, 1991). [th]A domesticação de cogumelos começou em França em 1707, com o cultivo do cogumelo de botão branco (*Agaricus bisporus*) e, no final do século XIX, também se desenvolveram em França técnicas de múltiplos esporos para a produção de cogumelos (Oei, 2003). No entanto, originalmente, a palavra "Cogumelo" era usada para os membros comestíveis de macro fungos e "cogumelos" para os venenosos dos macro fungos "branquiais". Cientificamente, o termo "cogumelo" não tem qualquer significado e foi proposto que o termo fosse completamente abandonado para evitar confusões e que fossem utilizados os termos "comestíveis", "medicinais" e "venenosos" (Chang, 2010).

As espécies de *Pleurotus* são vulgarmente designadas por "pleurotos". Têm uma distribuição mundial, tanto em regiões temperadas como tropicais do mundo. Os pleurotos ocupam atualmente o segundo lugar entre os cogumelos cultivados mais importantes do mundo (Nayana, 2000). *Os Pleurotus* spp. são conhecidos pelos seus nomes comuns em diferentes países. Na Europa e na América, este cogumelo é conhecido como "Oyster mushroom" (espécies comummente cultivadas: *P. ostreatus*, *P. florida*); na China é chamado "Abalone mushroom" (*P. abalonus, P. cystidiosus*) e "cogumelo Fénix" (uma variedade branca de *P. sajor-caju*); na Índia, é conhecido como "Dhingi" (*P. flabellatus, P. sajor-caju*) e na parte sudoeste da Nigéria, os cogumelos são conhecidos localmente como "Olu". Outras espécies de *Pleurotus* que podem ser cultivadas incluem, *P. sapidus, P. eryngii, P. columbinus, P. cornucopiae P. tuberginum, P. fossulatus, P. opuntiae, P. citrinopileatus, P. membranaceus, P. platypus*, e *P. petaloids* (Khare *et al.*, 2014).

Até à data, foram registadas cerca de 70 espécies de *Pleurotus* e novas espécies são descobertas com maior ou menor frequência, embora algumas delas sejam consideradas idênticas a espécies anteriormente reconhecidas. A determinação de uma espécie é difícil devido às semelhanças morfológicas e aos possíveis efeitos ambientais. Estudos de compatibilidade de acasalamento demonstraram a existência de onze grupos discretos de interesterilidade em *Pleurotus* (Quadro 1) para distinguir uma espécie das outras. Alguns relatórios indicam compatibilidade parcial entre elas, o que implica a possibilidade de criação de outras espécies (Won-Sik, 2004)

Tabela 1. Espécies biológicas estabelecidas dentro de *Pleurotus*, os seus sinónimos e taxa correspondentes a nível de subespécie e os seus respectivos grupos de interesterilidade.

Espécies	Sinónimos - taxa de subespécies	Grupos de interterilidade
P. ostreatus	*P. columbinus, P. florida, P. salignus, P. spodoleucus*	I
P. pulmonarius	*P. sajor-caju, P. sapidus*	II
P. populinus		III
P. cornucopiae	*P. citrinopileatus*	IV
P. djamor	*P. flabellatus, P. ostreatoroseus, P. salmoneostramineus, P. euosmus*	V
P. eryngii	*P. ferulae, P. nebrodensis, P. hadamardii, P. fossulatus*	VI
P. cystidiosus	*P. abalonus*	VII
P. calyptratus		VIII
P. dryinus		IX
P. purpureo-olivaceus		X
P. tuber-regium		XI

Fonte: Won-Sik (2004).

Os cogumelos fazem parte da dieta humana desde tempos imemoriais. Eram utilizados como alimento mesmo antes de o homem compreender a utilização de outros organismos. Sem dúvida, os cogumelos foram um dos primeiros alimentos do homem e eram frequentemente considerados uma reserva alimentar exótica e luxuosa para os ricos. Atualmente, os cogumelos são alimentos tanto para os ricos como para os pobres. Podem ser cultivados em qualquer sítio, desde que sejam fornecidas as condições para o seu crescimento e cultivo (Quimo, 2002). Ao longo dos anos, os cogumelos têm sido recolhidos e consumidos como parte da refeição diária em muitas partes do mundo (Kumari e

Achal, 2008). Os cogumelos comestíveis e medicinais são considerados como os alimentos ideais para a saúde. São muito apreciados pelo seu sabor e aroma requintados e são consumidos tanto na forma fresca como transformada (Stamets, 2000). Os cogumelos têm um baixo teor de gordura total e uma elevada proporção de ácidos gordos polinsaturados (72 a 85%) em relação ao teor total de gordura, principalmente devido ao ácido linoleico. O elevado teor de ácidos linoleicos é uma das razões pelas quais os cogumelos são considerados um alimento saudável (Sadler, 2003). Os cogumelos são considerados ideais para pacientes com hipertensão, efeitos renais e diabéticos; as actividades imunomoduladoras e antitumorais das lectinas dos cogumelos comestíveis e do complexo polissacarídeo-proteína (PSPC) das culturas de micélios conferem-lhes um valor medicinal valioso. Outros cogumelos são conhecidos por terem propriedades medicinais, por exemplo, o cogumelo braquete (*Ganoderma lucidum*) tem sido alegadamente utilizado para a gestão de doenças de pacientes com VIH e SIDA e pode ser justificado pelo aumento do peso corporal (Dlamini *et al.*, 2013). O valor nutritivo dos cogumelos é atribuído ao seu elevado teor de aminoácidos essenciais, vitaminas, minerais e baixo teor de lípidos. Os consumidores de cogumelos têm geralmente níveis mais elevados de ingestão da maioria das vitaminas e minerais e, nalguns casos, consomem menos álcool, gordura e sódio. Uma maior percentagem de consumidores de cogumelos satisfaz a dose diária recomendada (DDR) e a dose diária recomendada (DRI) de cálcio, cobre, ferro, magnésio, fósforo, zinco, folato, niacina, riboflavina, tiamina, vitamina A, B6, B12, C, E, energia, hidratos de carbono, fibras e proteínas do que os não consumidores de cogumelos. Assim, têm um melhor perfil nutricional do que aqueles que não comem cogumelos (Stamets, 2000).

Moore e Chi (2005) confirmaram que os cogumelos comestíveis têm atributos nutricionais elevados e aplicações potenciais na indústria.

Os cogumelos, com o seu sabor, textura, valor nutricional e elevada produtividade por unidade de área, foram identificados como uma excelente fonte alimentar para aliviar a subnutrição nos países em desenvolvimento (Eswaran e Ramabadran, 2000). Os metabolitos dos cogumelos são geralmente utilizados como adaptógenos e imunoestimulantes e são agora considerados como um dos agentes antitumorais mais úteis para utilizações clínicas (Nayana, 2000). Foi revelado que os micélios de cogumelos podem desempenhar um papel significativo na restauração de ambientes danificados. Os fungos/cogumelos saprotróficos, endofíticos, micorrízicos e mesmo parasitas podem ser utilizados na micorestauração, que pode ser realizada de quatro formas diferentes: micofiltração (utilizando micélios para filtrar a água), micoflorestação (utilizando micélios para restaurar florestas), micoremediação (utilizando micélios para eliminar resíduos tóxicos) e micopesticidas (utilizando micélios para controlar pragas de insectos). Estes métodos representam o potencial de criação de um ecossistema limpo, onde não haverá danos após a implementação de fungos (Chang, 2010).

2. Produção de cogumelos

O cultivo de cogumelos é considerado um dos processos economicamente viáveis para a bioconversão de resíduos agrícolas e agro-industriais em alimentos ricos em proteínas (Nasir *et al.*, 2013). Os cogumelos são normalmente cultivados em casas construídas para o efeito ou noutros ambientes protegidos onde a temperatura e a humidade podem ser controladas. No entanto, há informações de que as grutas em Bradford-on-Avon ainda são utilizadas para a cultura de cogumelos (Geda e Joshi, 2006). Os cogumelos crescem numa grande variedade de subprodutos agrícolas chamados "Substratos". Um substrato é definido como um tipo de material lignocelulósico que suporta o crescimento, desenvolvimento e frutificação de cogumelos (Chang e Mshigeni, 2001). *Pleurotus* spp. pode ser facilmente cultivado em vários materiais lignocelulósicos de resíduos agrícolas. Podem ser cultivados numa mistura de serradura e farelo de arroz ou farelo de trigo, palha de arroz e farelo de arroz, palha de trigo e farelo de trigo, e numa combinação de outros materiais residuais (Quimio, 1986). Quimio *et al.* (1990) sugeriram espigas de milho, resíduos de algodão, bagaço de cana de açúcar e folhas de milho como bons substratos para o cultivo destes cogumelos. São usados vários tipos de recipientes para encher os substratos. Estes são vasos de barro, cestos de bambu, tabuleiros de madeira, garrafas ou frascos de boca larga e sacos de polietileno resistentes ao calor (Oei, 1996). Contudo, os substratos usados para o cultivo destes cogumelos dependem da disponibilidade de resíduos agrícolas nas áreas onde se pretende estabelecer o cultivo de cogumelos. Devem ser identificados os resíduos agrícolas e florestais disponíveis localmente com melhores rendimentos, caso contrário o transporte de substrato de uma região para outra aumentaria os custos de cultivo (Khare *et al.*, 2014).

Um dos valores do cultivo comercial de cogumelos, especialmente numa economia em desenvolvimento como a Nigéria, é a disponibilidade de grandes quantidades de resíduos agro-industriais que podem servir como substrato para o cultivo de cogumelos (Banjo *et al.*, 2004). A maior parte dos substratos requerem esterilização ou pasteurização antes de serem usados para o cultivo (Quimio *et al.,* 1990; Oei, 1996). No passado, os substratos de *Pleurotus* costumavam ser esterilizados sob pressão. Atualmente, esta prática não é recomendada, uma vez que mata os microrganismos benéficos e também decompõe as substâncias orgânicas em formas mais favoráveis ao crescimento de contaminantes (Khare *et al.*, 2014). A vaporização de substratos ou a imersão em água quente é recomendada para substratos *de Pleurotus*. O substrato é vaporizado a 100° C durante 2-3 horas ou a 70° C durante 6-8 horas, consoante o volume e o tamanho dos sacos que contêm os substratos (Quimio *et al.*, 1990). Oei (1996) forneceu informações sobre a duração da cozedura a vapor/tratamento térmico dos substratos utilizados em diferentes países. Diferentes substratos afectam a composição nutricional dos cogumelos (Geda e Joshi, 2006). Os cogumelos não têm raízes verdadeiras, mas estão ancorados nos substratos pelas suas hifas semelhantes a fios firmemente entrelaçados, que também colonizam os substratos, degradam os seus componentes bioquímicos e extraem os compostos orgânicos hidrolisados para a sua própria nutrição (Chang, 2010). Os cogumelos são conhecidos por degradar os componentes de lignina do complexo lignocelulósico dos substratos. No entanto, o componente de celulose não é utilizado pelo cogumelo, mas é convertido em substâncias mais digeríveis e ricas em proteínas. *O Pleurotus* spp. é considerado o cogumelo mais eficiente na degradação da lenhina (Khare *et al.*, 2014).

Uma semente de cogumelo é o micélio de cogumelo que cresce num determinado substrato até ao ponto de colonização completa ou ramificação. Serve como material de plantio no cultivo de cogumelos. Para produzir uma semente, inocula-se um meio pasteurizado com a cultura estéril de um determinado cogumelo. Depois de a cultura ter crescido no meio, chama-se "semente". É, de facto, a primeira fase da produção de cogumelos (Stanley, 2010). A produção de semente é um processo técnico e requer muita perícia e conhecimentos especializados. É o alicerce da indústria de cogumelos (Chinda e Chinda, 2007). Na natureza, os cogumelos utilizam esporos para a multiplicação generativa e estes são microscópicos e difíceis de manusear. Alternativamente, podem ser usadas culturas de tecidos retirados de tecidos do chapéu para preparar semente. Com o tempo, o micélio cresce completamente através do grão. Os grãos de cereal completamente colonizados (semente) são usados para semear substratos já preparados (resíduos agrícolas e não agrícolas) para a produção de cogumelos. A semente de grãos de cereal é, geralmente, usada devido à sua capacidade de ramificar os substratos mais rapidamente e à facilidade de plantação (Stanley, 2010). A inoculação é a inoculação de semente no substrato, livre de qualquer contaminante. Bahl (1998) discutiu diferentes métodos de inoculação. O método de inoculação dos substratos também tem um impacto no rendimento de cogumelos *Pleurotus*. A inoculação em camadas provou aumentar o rendimento quando comparada com a inoculação completa. Os métodos de sementeira em camada dupla e completa são preferidos aos outros. Utiliza-se, geralmente, semente em grãos de cereal ou semente em serradura para inocular o substrato em sacos de polietileno. A semente fresca é utilizada para inocular o substrato para obter um melhor rendimento (Khare *et al.*, 2014). Diferentes grãos, como painço, trigo, arroz, cevada, centeio e sorgo, são atualmente utilizados como materiais de base para a produção de semente (Quimio *et al.*, 1990). A serradura e as espigas de milho em pó também podem ser usadas para a produção de semente. Os sacos de substrato semeado são mantidos numa sala escura a uma temperatura de cerca de 25° C, que é óptima para o crescimento de micélios para a maioria de *Pleurotus* spp. (Oei, 1996). Também se relatou que factores ambientais como a temperatura, o oxigénio, o dióxido de carbono, a humidade, a luz e o pH afectam o crescimento de micélios na preparação de semente (Nwanze *et al.,* 2005).

O substrato do qual os cogumelos foram cultivados e colhidos é chamado "composto de cogumelos usados" (SMC). O composto de cogumelos usados pode ser usado para cultivar culturas sucessivas de cogumelos, como fertilizantes ou condicionadores do solo, como uma fonte de energia para combustível e como alimentação animal (Quimio *et al.*, 1990). Quimio (1988) mostrou que o substrato usado de canteiros *de Volvariella* pode ser usado para o cultivo de cogumelos *Pleurotus*, depois de se pasteurizar os substratos. Levanon *et al.* (1993) utilizaram substrato usado *de Pleurotus* (palha de algodão) para o cultivo de cogumelo *shiitake* (*Lentinus edodes*). Em Porto Rico, *o* composto gasto de *Pleurotus* a partir de bagaço de cana de açúcar é utilizado por viveiristas como um bom substituto de fertilizantes comerciais para condicionar o solo (Quimio *et al.,* 1990). Yadav *et al.* (2001) obtiveram rendimentos de grãos mais elevados e um crescimento vigoroso do milho quando o SMC bem compostado foi utilizado no solo.

Os cogumelos são colhidos até que o substrato semeado deixe de frutificar. Os cogumelos são geralmente colhidos individualmente, agarrando o talo com a mão, torcendo o cogumelo e puxando-o para fora (Khare *et al.*, 2014). Quimio *et al.* (1990) sugeriram que, se a superfície colhida for ligeiramente raspada para expor uma nova superfície, pode voltar a frutificar. A produção de cogumelos *Pleurotus* depende da qualidade da semente, do substrato utilizado, dos factores climáticos e dos nutrientes suplementados ao substrato antes e no momento da frutificação (Khare *et al.*, 2014). O rendimento é geralmente calculado como peso de cogumelos frescos em kg por 100 kg de peso seco do substrato. Isto também é expresso em termos de percentagem de peso de cogumelos frescos produzidos por kg de substratos secos. Isto é referido como a "eficiência biológica" (Chang e Miles, 1989). Os cogumelos são capazes de se desenvolver bem numa vasta gama de temperaturas ambientais (Stamets, 2000). O crescimento do pleuroto requer uma humidade elevada (80-90%) e uma temperatura elevada (25-30°C) para o crescimento vegetativo chamado "Spawn running" e uma temperatura mais baixa (18-25°C) para a formação do corpo de frutificação (Viziteu, 2000). Pettipher (1987) conseguiu, com sucesso, a frutificação de *Pleurotus* com uma temperatura diária que varia entre 8-33°C. O pH ótimo para o crescimento dos micélios é de 5-6,5, embora os micélios possam sobreviver entre 4,2 e 7,5. O micélio cresce lentamente à medida que o pH diminui e pára de crescer a um pH de 4. Se o pH for superior ao valor ótimo, o crescimento do micélio acelera mas produz uma estrutura anormal. Assim, o pH ótimo para a indução primordial e a frutificação é de 5-5,5, embora seja possível a 5,5-7,8 (Viziteu, 2000).

A produção total de cogumelos a nível mundial aumentou mais de dezoito vezes nos últimos 52 anos, de cerca de 495 127 toneladas em 1961 para cerca de 9 226 966 toneladas em 2013. A China tornou-se o principal país produtor de todos os cogumelos comestíveis, produzindo mais de 70% da oferta mundial em 2013 (FAOSTAT, 2013). Este aumento do rendimento de *Pleurotus* spp. pode ser atribuído à adoção do seu cultivo por muitas pessoas nas zonas rurais, devido ao seu rápido crescimento micelial, às técnicas de produção baratas e à vasta escolha de espécies para cultivo em diferentes condições climáticas (Quimio *et al.*, 1990).

Quadro 2: Dez principais países produtores de cogumelos e trufas em 2013.

PAÍS	PRODUÇÃO (TONELADAS)	PRODUÇÃO MUNDIAL TOTAL (%)
China	7,076,842	71.28
Itália	792,000	8.58
Estados Unidos	406,198	4.40
Países Baixos	323,000	3.50
Polónia	220,000	2.38
Espanha	149,700	1.62
França	104,621	1.13
Irão	87,675	0.95
Canadá	81,788	0.88
Reino Unido	79,500	0.86
Mundo	**9,226,966**	**100**

Fonte: FAOSTAT, (2013)

O cultivo de cogumelos ainda é muito limitado e a indústria ainda está a dar os primeiros passos na Nigéria (Belewu, 2002, 2003). O principal problema associado à transferência de tecnologia para o cultivo de cogumelos é a falta de conhecimentos técnicos. O nível de envolvimento no cultivo de cogumelos no continente africano ainda não é generalizado e, na Nigéria, é escasso e a nível de pequenas explorações agrícolas (Okhuoya e Okogbo, 1990). A não comercialização da cultura de cogumelos na Nigéria deve-se, em parte, à baixa ou nenhuma aceitabilidade dos cogumelos pela população como fonte alimentar importante, daí o baixo patrocínio. Mesmo em áreas onde a procura é elevada, a maior parte das vezes, a procura não pode ser satisfeita devido à baixa produtividade resultante da aplicação de técnicas de cultura inadequadas (Belewu e Belewu, 2005). É conhecido que muitos produtores de cogumelos em África têm sido reservados quanto às suas estratégias de produção (Oei, 2003). Muitos investigadores têm feito tentativas para dar a conhecer esta informação aos produtores de cogumelos através de workshops, seminários e publicações (Belewu e Belewu, 2005).

3. Doenças dos cogumelos

Como todas as outras culturas, os cogumelos também são afectados negativamente por um grande número de agentes/factores bióticos e abióticos. Entre os agentes bióticos, os fungos, as bactérias, os vírus, os nemátodos, os insectos e os ácaros causam danos aos cogumelos direta ou indiretamente. Encontram-se vários fungos prejudiciais no composto e no solo de cobertura durante o cultivo de cogumelos de botão branco. Muitos deles actuam como bolores concorrentes, afectando assim negativamente a germinação, enquanto outros atacam os corpos de frutificação em várias fases do crescimento da cultura, produzindo sintomas de doença distintos. Por vezes, verifica-se um fracasso total da cultura, dependendo da fase de infeção, da qualidade do composto e das condições ambientais. A distribuição geral de vários bolores concorrentes e fungos patogénicos é a seguinte

- Os que ocorrem principalmente no composto incluem Bolor verde-oliva (*Chaetomium olivaceum* e outras spp.), Tampões de tinta (*Coprinus* spp.) Bolores verdes (*Aspergillus* spp. *Penicillium* spp. e *Trichoderma* spp.), Bolores negros (*Mucor* spp, *Rhizopus* spp.) e outros (*Myriococcum praecox*, *Sporotrichum* sp., *Sepedonium* sp., *Fusarium* spp., *Cephalosporium* spp., *Gliocaldium* spp. e *Papulospora* spp.).

- Fungos que ocorrem no composto e no solo de cobertura: Bolor de gesso branco (*Scopulariopsis fimicola*): Bolor de gesso castanho (*Papulospora byssina*), bolor de batom (*Sporendonema purpurescens*), falsa trufa (*Diehliomyces microsporus*) e bolores verdes.

- Fungos que ocorrem na terra de cobertura e/ou nos cogumelos em crescimento: Bolor de canela (*Peziza ostracoderma*), bolha húmida (*Mycogone perniciosa*), bolha seca (*Verticillium fungicola*), teia de aranha (*Cladobotryum dendroides*), bolor rosa (*Trichothecium roseum*) e bolores verdes.

- Fungos que atacam apenas os corpos de frutificação: Podridão fusarial (*Fusarium* spp.).

As doenças fúngicas dos cogumelos incluem:

Cogumelos de botão branco; (*Agaricus bisporus, A. bitorquis*)

Bolha seca

Agente patogénico : *Verticillium fungicola*

Nome comum : Doença de *Verticillium*, mancha castanha, mancha de fungo, bolha seca, La mole.

Esta é a doença fúngica mais comum e grave da cultura de cogumelos. Se não for controlada, a doença pode destruir totalmente uma cultura em 2-3 semanas (Fletcher *et al.* 1980). *Verticillium fungicola* foi um importante agente patogénico responsável por perdas consideráveis de rendimento de cogumelos cultivados na zona de Manchuela, províncias de Cuenca e Albacete, em Espanha (Sandhu,

1995). Num estudo de doenças em casas de cogumelos comerciais, *V. malthousei* foi isolado de 11,3% dos cogumelos amostrados (Quimio, 1986). Na Índia, o primeiro relatório sobre a forte incidência da doença da bolha seca foi efectuado em explorações de cogumelos localizadas em Chail e Taradevi (Seth *et al.* 1973). O agente patogénico tem sido invariavelmente isolado do composto e de amostras de invólucro recolhidas em explorações de cogumelos em Haryana e Punjab (Sharma, 1992). Chadha e Sharma (1995) registaram a incidência de bolha seca de 25-50% em Solan e Kasauli e até 15% em Shimla e Chail durante 1980-81. A inoculação artificial com o agente patogénico na altura da postura e em diferentes cargas de inóculo atrasou a formação de cabeças de alfinete em 5 dias e reduziu o número e o peso dos corpos de frutificação em 2,26-47,2% e 2,19-38,01%, respetivamente (Sharma e Vijay, 1993).

Sintomatologia

O crescimento micelial esbranquiçado é inicialmente observado no solo do invólucro, que tem tendência para se tornar amarelo-acinzentado. Por vezes, aparecem como pequenas massas indiferenciadas de tecido com até 2 cm de diâmetro. Quando afectados numa fase posterior, podem observar-se cogumelos tortos e deformados com estipes distorcidos e com o chapéu inclinado. Quando uma parte do chapéu é afetada, observa-se o sintoma de lábio leporino. Os cogumelos afectados são de cor acinzentada. Se a infeção ocorrer numa fase posterior, pode observar-se uma penugem cinzenta e bolorenta nos cogumelos. Por vezes, aparecem pequenas pústulas ou caroços no chapéu. Nos esporóforos completamente desenvolvidos, produz manchas localizadas deprimidas de cor castanha clara, as manchas adjacentes coalescem e formam manchas castanhas irregulares. Os gorros doentes encolhem na área manchada, tornam-se coriáceos, secos e apresentam fissuras. Os corpos de frutificação infectados são malformados, têm forma de cebola e tornam-se massas irregulares e inchadas de tecido leporino seco (Sharma, 1994). Em *A. bitorquis*, as manchas castanhas escuras causadas por *V. fungicola* var *aleophilum* são por vezes cobertas por uma camada de micélio de cor cinzenta, particularmente no centro. Em *A. bisporus* provoca manchas ligeiras, embora na variedade Les Miz-60 provoque a deformação do corpo de frutificação. Um isolado de *V. psalliote* de *A. bitorquis* provoca manchas castanhas mais confluentes em *A. bitorquis*, mas não pode infetar *A. bisporus* (Pettipher, 1987).

Epidemiologia

A Verticillium é transportada para a exploração agrícola através de terra de cobertura infetada. A propagação é efectuada através de equipamentos, mãos e vestuário infectados. Sabe-se também que os forídeos e os ciarídeos transmitem esta doença (Sharma e Vijay, 1993). Em condições laboratoriais, verificou-se que os sciarídeos e os forídeos transmitem 84-100% e 76-100% de *V. fungicola*, respetivamente, em dois meios diferentes (Kumar e Sharma, 1998). Também se sabe que os ácaros transmitem a doença de cogumelos infectados para cogumelos saudáveis. O fungo é transmitido pelo solo e os esporos podem sobreviver no solo húmido durante um ano. *O Verticillium* também se perpetua através de micélio em repouso de bolbos secos e em composto gasto. A temperatura óptima para o desenvolvimento da doença é de 20°C. O período entre a infeção e a expressão dos sintomas é de 10 dias para os sintomas de distorção e de 3-4 dias para a mancha do chapéu a 20°C. O agente patogénico desenvolve-se melhor a 24°C. No entanto, *V. fungicola* var *aleophilum* e *V. psalliotae* crescem melhor a uma temperatura mais alta (27°C) (Fletcher *et al.* 1980). A humidade elevada, a falta de circulação de ar adequada, o atraso na colheita e temperaturas superiores a 16°C favorecem o seu desenvolvimento e propagação (Sohi, 1988). Torna-se mais comum quando a colheita é prolongada para além de 61 dias. Vários fungos carnudos de crescimento selvagem também servem como fonte de inóculo. As poeiras transportadas pelo ar são também a principal fonte de infeção primária e podem entrar nas habitações através dos tubos de escape. Se a infeção ocorrer precocemente, provoca uma malformação mais grave dos corpos de frutificação. Fletcher (1990) referiu que o inóculo introduzido antes do 21.º dia provocou uma baixa produção de cogumelos e uma elevada incidência da doença. Contudo, o inóculo introduzido após 14 dias de revestimento causou a maior incidência da doença. De acordo com Nair e Macaulley (1987), quando as culturas de *A. bisporus* e *A. bitorquis* foram infectadas na fase de revestimento com *V. fungicola* var *fungicola* e *V. fungicola* var *aleophilum*, respetivamente, observou-se uma incidência relativamente alta de doença, mas a doença foi menor nas culturas infectadas na fase de desova ou depois do segundo fluxo. A redução da temperatura de 20°C para 14°C e da humidade relativa de 90% para 80% durante 5 dias não conseguiu reduzir a gravidade da doença. Todas as estirpes comerciais são susceptíveis (Sharma, 1994). No entanto, Papavizas (1985) em ensaios em vasos encontrou a estirpe castanha de França mais resistente à doença da bolha seca.

Gestão

a) Métodos físicos: A utilização de terra de cobertura esterilizada, a eliminação correta do composto usado e a higiene e saneamento adequados são essenciais para evitar a infeção primária (Sharma, 1994). Bayer *et al* (2000) relataram que o tratamento de solo mineral com vapor aerado a 54,4°C durante 15 minutos eliminou *o V. malthousi* que tinha sido estabelecido experimentalmente durante 17 dias em cultura de solo axénico. Além disso, (Catlin *et al.,* 2004) referiu que um tratamento de trinta minutos com vapor arejado a 60°C e 82°C, impediu a germinação de esporos e a colonização do solo por *V. malthousei* mais do que um tratamento semelhante a 98°C. O tratamento térmico da camada de invólucro infetado a 63°C durante uma hora impediu completamente a germinação de esporos (Papavizas, 1985).

b) Método biológico: De acordo com Lelley e Straetman (1986), a pulverização do solo de cobertura com 10 x 10^7 propágulos *de* Trichoderma/litro/m^2 controlou *V. malthousei* em vários ensaios em explorações de cogumelos naturalmente infectadas, onde a doença da bolha seca era endémica. Em condições laboratoriais, os extractos de folhas de *Callistemon lanceolatus, Cannabis sativus, Citrus* sp., *Euclyptus* sp., *Dhatura* sp., *Urtica dioica, Solanum khasianum* e *Thooja compacta* causaram 27,77%, 13,05%, 16,66%, 22,22%, 5,55%, 6,66%, 22,77% e 27,77% de inibição, respetivamente, de *V. fungicola* (Sharma e Vijay 1993). Rinker e Alm (2008) registaram 5 isolados bacterianos eficazes contra *V. fungicola.*

c) Métodos químicos: Em ensaios de laboratório, *o V. malthousei* foi controlado pelo Zineb em grande escala, o Bercema - Zineb 80 utilizado a 0,1 - 1,2% controlou a doença quando utilizado antes e entre os fluxos (Seaby, 1987). *O V. malthousei* foi controlado por 3 pulverizações com Dithane Z-78 a 0,25 ou 0,50% ou Hexathane a 0,30% administradas na altura do revestimento, na formação da cabeça do alfinete e depois dos fluxos da cultura (Seth *et al.* 1973). A aplicação de clorotalonil como um drench reduziu a incidência de *V. fungicola* tolerante a certos fungicidas benzimidazóis. No entanto, a incorporação de clorotalonil na camada de cobertura causou toxicidade para a cultura e reduziu o rendimento (Kubicek e Penttila, 1998). No entanto, Staunton (1987) obteve um bom controlo com duas aplicações de Daconil 2787 (clorotalonil) a 3g/m^2 sem qualquer efeito adverso no rendimento. O tratamento deve ser aplicado diretamente após a aplicação da tripa e novamente 2 semanas mais tarde. De acordo com Staunton (1987), a doença pode ser controlada por pulverização com carbendazim, benomil ou tiofenato de metilo a 100, 150 e 200g/100m^2 , respetivamente, em 100-150 litros de água, imediatamente após o revestimento. As camas revestidas também podem ser tratadas com 0,5% de formalina ou 100g de carbendazim, 150g de benomil ou 200g de tiofenato de metilo em 100-150 litros de água por m^2 de cama. Staunton (1987) obteve o maior rendimento com clorotalonil a 3g/litro de água/m^2 aplicado diretamente após o revestimento e novamente 2 semanas depois. Conseguiu-se um bom controlo de *V. fungicola* pulverizando prochloraz manganês a 60g/100m^2 no prazo de 7 dias após a aplicação da cobertura e, posteriormente, com intervalos de 2 semanas (Fletcher, 1990). Os fungicidas triadimefon (1g/m^2), prochloraz (1g/m^2), Delsene M (carbendazim + maneb) (8g/m^2) e chlorothalonil (2g/m^2) aplicados após o revestimento aumentaram o rendimento de 39,9% nos controlos não tratados para 56,7, 56,3, 54,6 e 53,1%, respetivamente.

Bolha húmida

Agente patogénico : ***Mycogone perniciosa***

Nome comum : Bolha húmida, La mole, bolor branco, bolha, doença *de Mycogone*

A bolha húmida em cogumelos de botão branco, provocada por *Mycogone perniciosa* Magn., tem sido relatada como uma das doenças graves em quase todos os principais países produtores de cogumelos do mundo. A bolha ou toupeira (*M. perniciosa*), descrita pela primeira vez em Paris em

1888, é considerada responsável pelas maiores perdas em canteiros de cogumelos em França, Inglaterra e Estados Unidos (Seaby, 1989). A doença também assumiu proporções graves noutros grandes países produtores de cogumelos do mundo, como o Reino Unido, os Países Baixos, os EUA, a China, Taiwan, a África do Sul, o Brasil, a Hungria, a Austrália e a Polónia, de tempos a tempos. Na Índia, esta doença foi registada pela primeira vez em 1978 em algumas explorações de cogumelos em Jammu e Caxemira (Morris *et al.*, 1995).

Sintomatologia

Muitos trabalhadores descreveram sintomas de bolha húmida em diferentes fases do desenvolvimento do cogumelo. Doyle (1991) reconheceu dois tipos principais de sintomas, esporóforos infectados e massas esclerodermóides, que ele considerou serem o resultado da infeção por *M. perniciosa* em diferentes fases do desenvolvimento dos esporóforos. Assim, quando a infeção ocorreu antes da diferenciação do estipe e do píleo, o resultado foi a forma selerodermoide, ao passo que a infeção após a diferenciação resultou na produção de estipe espesso com deformação das brânquias (Fletcher, 1990). Grogan (2008) descreveu os sintomas sob a forma de crescimento de bolor branco nos cogumelos, levando à sua putrificação com um exsudado líquido castanho dourado. Abosriwil e Clancy (2002) referiram que os esporóforos infectados podem ser reconhecidos por dois sintomas: um é a forma tumoral, infetada a partir de cabeças de alfinete, e o outro é a malformação, infetada numa fase posterior. Ambos os tipos de infecções podem exsudar gotas de água na superfície dos esporóforos infectados. Estas gotas de água transformam-se mais tarde numa cor âmbar. Clift e Shamshad (2009) observaram que, quando as cabeças de alfinete jovens são infectadas, desenvolvem formas monstruosas que muitas vezes não se assemelham a cogumelos. Flether (1990) registou cerca de 31% de infeção na base do estipe em esporóforos aparentemente saudáveis, sob a forma de estrias negras. Seth (1973) descreveu os sintomas como um crescimento curto, encaracolado, branco puro e fofo do agente patogénico em cogumelos malformados, que pode ser facilmente observado a olho nu. Druzhinina *et al.* (2008) descreveram alterações citológicas dramáticas como resultado da infeção quando cabeças de alfinete jovens (até 6 mm) foram infectadas. Formam-se massas fúngicas grandes, muito irregulares, nodulares e tumorais e não se verifica qualquer diferenciação ou organogénese da massa celular.

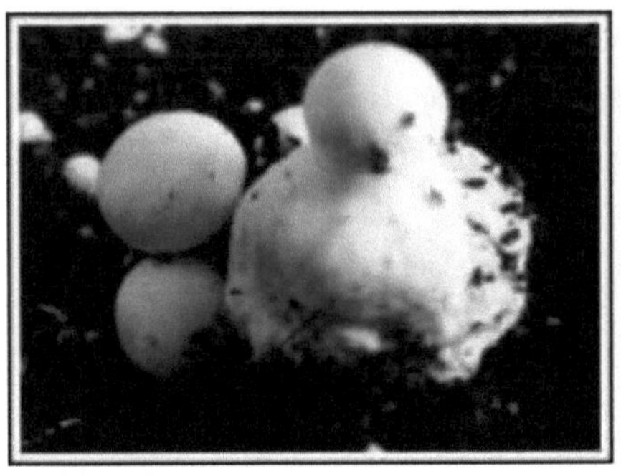
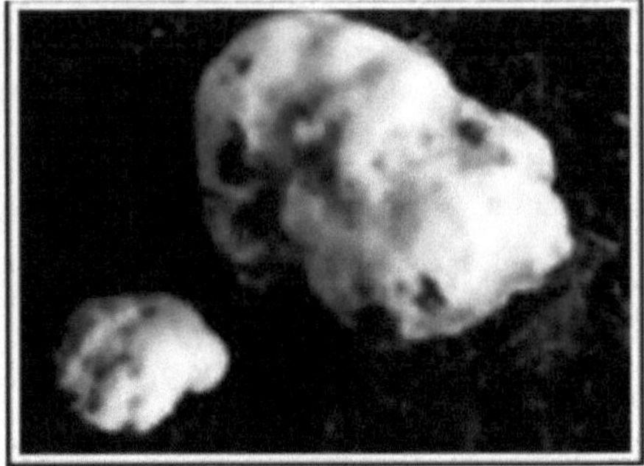

Placa 1: Sintomas da doença da bolha húmida Fonte: MushWorld, 2005

Epidemiologia

A propagação de *M. perniciosa* ocorre principalmente através do solo de cobertura, mas a introdução do agente patogénico através de outros meios, como o composto usado e o lixo infetado, não está excluída. A infeção pode ser transmitida pelo ar, pela água ou pode ser transportada mecanicamente por ácaros e moscas (Grogan, 2008). Abosriwil e Clancy (2002) referiram que os salpicos de água são um fator importante para a propagação da bolha húmida nos canteiros. Ospina-Giraldo *et al.* (1999) referiram que a propagação através do contacto ocorria facilmente durante a rega e especialmente durante a colheita. Observaram também que os contentores contaminados podem ser uma fonte de disseminação a grandes distâncias. Contrariamente a outros relatórios, foi também sugerido que os esporos de *M. perniciosa* podem também ser disseminados por correntes de ar (Clift e Shamshad, 2009). Kumar e Sharma (1998) referiram que a percentagem de transmissão de *M. perniciosa* em condições *in vitro*, por moscas sciarídeas e forídeas, era de 100 por cento em meio MEA e de 4-12 por cento em composto. Foi referido que os clamidósporos sobrevivem durante muito tempo (até 3 anos) no solo de cobertura e podem servir como fonte primária de inóculo. Os aleurósporos produzidos na superfície das estruturas monestrosas são provavelmente responsáveis pela infeção secundária.

Gestão

Uma vez que o agente patogénico inflige graves danos à cultura, foram feitas várias tentativas para gerir a doença através de vários meios. Estes incluem:

a) Físico : Anderson *et al.* (2001) sugeriram que vapor arejado a 54,4°C durante 15 minutos pode eliminar *M. perniciosa* do solo de cobertura. Lelley (1987) sugeriu a utilização de vasos de plástico para cobrir cogumelos que apresentem sintomas de bolhas húmidas durante a época de cultivo para evitar a propagação da doença. Clift e Shamshad (2009), ao trabalharem para encontrar uma abordagem integrada para a gestão da doença das bolhas húmidas, revelaram que o uso de composto limpo, a pasteurização ou esterilização do solo de cobertura, um bom pico de aquecimento e fumigação da sala de cogumelos e o uso de benomyl ou Mertect 40 por cento foram eficazes na gestão de *M. perniciosa*. Romaine *et al.* (2005) sugeriram três métodos de prevenção da doença das bolhas húmidas, que incluem a esterilização a vapor dos canteiros de cogumelos, a fumigação com formaldeído e a aplicação de fungicidas. Outro método, como o rastreio e a seleção de estirpes resistentes à doença, também deve ser explorado.

b) Biológico : Castle *et al.* (1998) analisaram 12 isolados de bactérias e 71 isolados de actinomicetos isolados de composto de cogumelos e mistura de tripa e observaram que AJ-117, AJ-136 e AJ-139 são bioagentes promissores. Embora tenham sido feitas tentativas quase insignificantes para controlar *M. perniciosa* através de produtos botânicos, a inibição do crescimento fúngico por extractos de plantas não é invulgar e já foi relatada anteriormente por vários trabalhadores (Peil *et al.,* 1996). Seaby (1987) fez uma observação interessante de que *Acremonium strictum* produz um composto antibiótico estável ao calor, possivelmente uma cefalosporina, que é inibidor de *M. perniciosa*, mas não foram feitas tentativas para explorar esta abordagem, uma vez que ambos os fungos são patogénicos para os cogumelos.

c) Produtos químicos: A pulverização de benomil a 0,5-4g/m^2 imediatamente após a aplicação da cobertura foi considerada muito eficaz para proteger a cultura (Garcia-Morras e Olivan, 1999). Fletcher (1990) aconselhou que o controlo adequado da bolha húmida era obtido com benomil ou tiofanato metílico a 10 g a.i. no momento da aplicação da cobertura, enquanto o TBZ era menos eficaz. Largeteau-Mamoun *et al.* (2002) registaram um controlo satisfatório da bolha húmida pulverizando benomyle a 0,5g a.i/ m^2 , 3 dias após a cobertura. Sharma (1992) sugeriu o controlo da doença da bolha húmida através da pulverização da cultura com carbendazim, benomil ou tiofanato metílico a 100-150 litros de água imediatamente após a cobertura. O Basamid (Dazomet) e o Vapam (Metham sodium) aplicados a 100ppm no revestimento também foram considerados muito eficazes (Largeteau-Mamoun *et al.*, 2002). A aplicação de carbendazim, benamil, clorotalonil, TBZ, complexo procloraz manganês (Sportak 50 WP) na mistura de tripa foi considerada muito eficaz para a gestão da bolha húmida por vários trabalhadores (Fletcher, 1990). Foi referido que, se o invólucro estiver contaminado, o controlo pode ser conseguido tratando-o com 1 por cento de formalina. Em alternativa, uma pulverização de 0,8 por cento de formalina na superfície do invólucro, imediatamente após o revestimento, pode ser eficaz. No entanto, esta concentração pode ser prejudicial se for utilizada numa fase posterior do desenvolvimento da cultura. Sharma (1992) registou uma inibição de 62,5-100% de *M. perniciosa* em cultura quando os discos de inóculo foram mergulhados numa solução de formalina a 0,5-2% durante 5 segundos. A exposição de culturas *de M. perniciosa* a vapores de 1-4% de formalina durante 6-24 horas também resultou numa inibição de 100% do crescimento do fungo em subcultura.

Teia de aranha

Agente patogénico : *Cladobotryum dendroides*

Nome comum : Míldio, podridão mole, doença de Hypomyces mildew, doença de Dactylium.

Esta doença causa danos extensos, quer causando podridão mole, quer deteriorando o corpo de frutificação. Yadav *et al.,* 2001) descreveram esta doença como *Botrytis dendroides* e transferiram-na para o género *Cladobotryum*, fazendo uma combinação *C. dendroides*. Okhuoya e Okogbo (1990) foram os primeiros a relatar que *D. dendroides* é parasita de cogumelos. De acordo com Fletcher *et al.* (1980), os cogumelos de qualquer idade de desenvolvimento seriam atacados por este fungo. Esta doença causa grandes danos em casas de cogumelos onde a humidade é elevada (Quimio, 1988). Seth *et al.* (1973) isolaram *C. dendroides* de 0,6% de cogumelos colhidos em casas de cogumelos comerciais na Pensilvânia. Na Índia, foi registado pela primeira vez em Chail e Shimla (HP) (Seth *et al.,* 1973) e, mais tarde, em Solan e Kasauli, com uma incidência natural que variou entre 8,17 - 18,83% em 1982 e 1,93-25,63% (Chinda e Chinda, 2007). Em condições de inoculação artificial com diferentes níveis de inóculo, a perda de cogumelos comercializáveis foi estimada em 66,6% (Sharma e Vijay, 1996) e 21,95 - 48,95% a diferentes temperaturas (Chinda e Chinda, 2007). Sharma (1992) registou *C. verticillium* como um novo agente patogénico de *A. bitorquis* em Himachal Pradesh.

Sintomatologia

A teia de aranha aparece primeiro como pequenas manchas brancas no solo do invólucro, que depois se espalham para o cogumelo mais próximo através de um micélio branco cinzento fino. Um micélio branco flocoso cobre o estipe, o píleo e as brânquias, resultando eventualmente na decomposição de todo o corpo de frutificação. À medida que a infeção se desenvolve, o micélio torna-se pigmentado, acabando por se transformar numa delicada cobertura cor-de-rosa (Seth *et al.* 1973). Em ataques graves, desenvolve-se um bolor branco denso sobre o invólucro e os cogumelos mudam de uma teia de aranha fofa para um tapete denso de micélio. A cor branca pode tornar-se cor-de-rosa ou mesmo vermelha com a idade. Um sintoma que pode aparecer e que geralmente não está associado à doença é a formação de manchas na tampa. As manchas podem ser castanhas ou castanho-rosadas (Sharma, 1994). Nos corpos de frutificação inoculados, os sintomas caraterísticos aparecem dentro de 24 horas após a inoculação. Quando se aplicou suspensão micelial e de esporos, os sintomas apareceram 4-12 dias após a infestação. Os cogumelos mais jovens são mais susceptíveis do que os totalmente desenvolvidos. Os tufos de conidióforos desenvolvem-se em todos os lados da teia e o crescimento do cogumelo engolido é interrompido. Ao remover o feltro micelial do cogumelo afetado, exsudam gotas de fluidos de cor castanha escura que emitem um odor amargo desagradável (Chinda e Chinda,

2007).

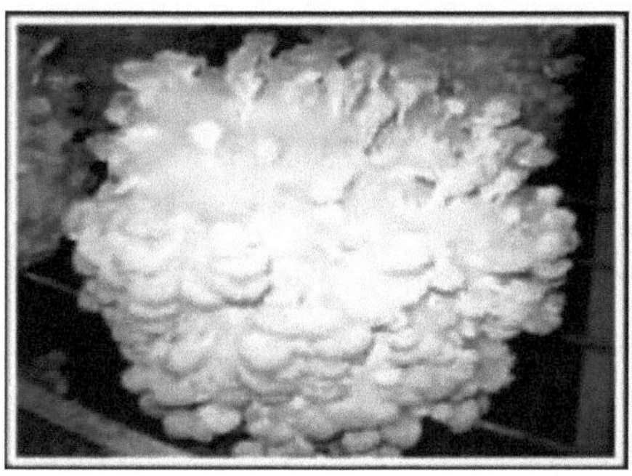

Placa 2: Sintomas da teia de aranha Fonte: MushWorld, 2005

Epidemiologia

A humidade relativa e a temperatura elevadas favorecem a doença. A propagação faz-se principalmente por conídios. O agente patogénico é um fungo que habita o solo e é normalmente introduzido na cultura por contaminação do solo, esporos, micélio em restos de culturas ou por trabalhadores agrícolas. Os esporos são facilmente disseminados pelo movimento do ar, pelas mãos, ferramentas e vestuário dos trabalhadores e por salpicos de água (Sharma, 1994). Em condições laboratoriais, verificou-se que os sciarídeos e as moscas forídeas transmitem 4-100% da doença em dois meios diferentes (Kumar e Sharma, 1998). Uma humidade relativa elevada e uma gama de temperaturas de 19-22°C e 12-15°C resultaram numa perda máxima de rendimento (Chinda e Chinda, 2007). A temperatura óptima para o crescimento é de 20°C e para a germinação de esporos é de 25°C.

Gestão

a) Físico: A desinfeção completa do solo da terra de cobertura com vapor vivo ou a esterilização da mistura de cobertura a 50^0 C durante 4 horas elimina eficazmente o agente patogénico. A limpeza regular, a remoção de caules de cogumelos cortados e de cogumelos jovens meio mortos depois de cada quebra e o controlo da temperatura e da humidade ajudam a controlar a doença (Sharma, 1994).

b) Biológico: Em condições laboratoriais, verificou-se que os extractos de folhas de *Cannabis sativus, Ricinus cummunis, Callistemon lanceolatus, Citrus* sp., *Euclyptus* sp., *Dhatura* sp. e *Urtica dioica* causam uma inibição de 5,55%, 10,55%, 18,55%, 26,11%, 34%, 19,07% e 23,33% de *C. dendroides*, respetivamente (Seth, 1977).

c) Químico: Terraclor (pentacloronitrobenzeno) pode erradicar o míldio *Dactylium* mesmo depois de a doença se ter estabelecido bem (Seth *et al.*, 1973). Seth *et al.* (1973) sugeriu a desinfeção anual de casas e áreas circundantes com 2% de mistura de bordeaux ou com 5% de solução de formação a

0,5-1,0 l/m^2 ou fumigação com 2,0-2,5 de formação e 0,5-1,0 kg de cal clorada/100 m^3 para controlar a doença. Sugeriu ainda que a pulverização imediata após o revestimento com benomyl a 1g em 0,5-1,0 l de água/m^2 também controla a doença. De acordo com Ortega *et al.* (1992), a aplicação única do complexo procloraz manganês (sporogon) a 1,5 g a.i./m^2 de cama 9 dias após o revestimento dá um controlo satisfatório das doenças. Chinda e Chinda (2007) obtiveram o melhor controlo da doença aplicando bavistin + TMTD a 0,9 e 0,6g/m2 seguido de TBZ e benlate (0,9g/m^2). O controlo efetivo de *C. verticillatum* foi obtido através da pulverização com 0,05% de carbendazim na desova, seguido de 0,25% de mancozeb no revestimento e carbendazim novamente 15 dias depois (Sharma, 1994).

Palha de arroz (*Volvariella* spp.)

Embora o cogumelo de palha de arroz (*Volvariella* spp.) tenha sido o primeiro a ser cultivado na Índia, já em 1943, por Thomas e os seus associados em Coimbatore, ainda há muito pouca informação disponível sobre as doenças deste cogumelo. Este cogumelo ainda está a ser cultivado ao ar livre na Índia, seguindo uma tecnologia de produção primitiva, com uma eficiência biológica muito baixa. Noutros países, os cogumelos de palha de arroz estão sujeitos a um certo número de doenças destrutivas/bolores concorrentes, como *Mycogone perniciosa, Scopulariopsis fimicola* e *Verticillium* spp. Na Índia, foi registado um grande número de bolores concorrentes e algumas doenças neste cogumelo. *Chaetomium* spp., *Alternaria* sp. e *Sordaria* sp. foram frequentemente observados como contaminantes em camas de trigo, kans, milho, mal e jowar, mas não apenas em feixes de palha de arroz (Nasir *et al.*, 2013). Levanon *et al.* (1993) registaram uma doença causada por *Sclerotium* sp. e Oei (1996) registou uma podridão bacteriana. A combinação de inseticida, fungicida e antibiótico (Malathion 0,025% + dithane Z-78 ou benomyl 0,025% + tetracycline 0,025%) é recomendada para a gestão de pragas e doenças (Sharma e Vijay, 1996). Vários outros bolores competidores, nomeadamente *Coprinus aratus, C. cinereus, C. lacopus, Psathyrella* sp., *Penicillium* spp., *Aspergillus* spp., *Rhizopus* sp., *R. nigricans* e *Sclerotium* spp. foram registados no substrato (Sharma, 1994). A esterilização parcial da palha e a pulverização dos canteiros com captan e zineb (0,2%) foram recomendadas para reduzir os danos. Bahl e

Chowdhry (1980) registou *Podospora favrelii* como um concorrente grave e inibe completamente o crescimento do micélio de cogumelo. Bhavani e Nair (1986) também registaram *a* presença de *Rhizoctonia solani* no substrato, o que reduz a formação de esporóforos e causa a malformação dos primórdios de frutificação. É urgentemente necessário um esforço sério para investigar as doenças do cogumelo de palha de arroz e recomendar o pacote de práticas a seguir aos produtores para obter bons rendimentos.

Outros cogumelos

Foram feitas tentativas esporádicas de cultivar alguns outros cogumelos, como o cogumelo gigante

(*Stropharia rugoso-annulata*), o cogumelo da orelha negra (*Auricularia polytricha*), o shiitake (*Lentinula edodes*) e o cogumelo leitoso (*Calocybe indica*) em diferentes partes do país e os bolores/doenças concorrentes registados neles são brevemente mencionados abaixo:

Chang e Mshigeni (2001) registaram *Mycogone rosea* a parasitar *S. rugoso-annulata* em condições naturais. Os principais sintomas são o crescimento de algodão branco nas brânquias, manchas castanhas claras no estipe e deformação dos esporóforos. *Cladobotryum verticillatum* foi registado em *Auricularia polytricha* (Goltapeh *et al.*, 1989), produzindo um crescimento branco e fofo no substrato e nos corpos de frutificação, resultando numa perda de rendimento de 9-96%. A pulverização de carbendazim (50ppm) foi considerada eficaz para controlar a doença. *Trichoderma viride, Trichoderma* sp., *Aspergillus* spp. e *Fusarium* sp. foram registados frequentemente como competidores durante o cultivo do cogumelo da orelha de inverno. Durante o cultivo de *C. indica*, vários bolores concorrentes, nomeadamente *Aspergillus niger, A. flavus, A. fumigatus, Rhizopus stolonifer, Mucor* sp., *S. rolfsii, T. viride, T. haematum, Fusarium* spp. e *Coprinus* spp. foram isolados do substrato (Doshi *et al.,* 1991). Além disso, Kumari e Achal (2008) também registaram uma incidência muito elevada de *Cladobotryum* e *Oedocephalum* spp. na mistura de tripa. A incidência de *T. viride* foi registada entre 15 e 25% nos sacos com suplemento, em comparação com 5-10% nos sacos sem suplemento no cultivo de *L. edodes* (Sharma, 1994).

Cogumelo-ostra (*Pleuorotus* spp.)

Doença do bolor verde

Agente patogénico: *Trichoderma viride, T. hamatum, T. harzianum, T. koningii, Penicillium cyclopium, Aspergillus* spp.

Nomes comuns Mancha de *Trichoderma,* Mancha *de Trichoderma,* Míldio *de Trichoderma,* Bolor verde

Uma das doenças mais comuns e destrutivas na cultura de cogumelos é o bolor verde, que é causado principalmente por diferentes espécies de *Trichoderma, Penicillium* e *Aspergillus*. Entre estes bolores, *o Trichoderma* spp. induz perdas quantitativas e qualitativas significativas no rendimento de *Agaricus bisporus, Pleurotus* spp., *Auricularia, Calocybe indica* e *Lentinula edodes.* Diferentes espécies de *Trichoderma* que foram relatadas como competidoras e/ou patogénicas no pleuroto incluem, *T. viride, T. koningii, T. hamatum, T. harzianum, T. atroviride, T. pseudokoningii, T. logibrachiatum.* Entre todas estas espécies, *T. harzianum* é reconhecido como causando os problemas mais graves (Seaby, 1996a). Seaby (1989) descreveu 9 grupos distintos de espécies e estirpes de *Trichoderma* que tinham estruturas de esporos quase semelhantes. Estes incluíam, *T. viride, T. harzianum* (Th-1, Th-2, Th-3), *T. koningii, T. pseudokoningii* e *T. longibrachiatum.* O biótipo geneticamente distinto Th-4 de *T. harazianum* foi responsável por um surto grave nos EUA.

Importância económica

Os bolores verdes causados por espécies de *Trichoderma* foram outrora reconhecidos como indicadores de má qualidade do composto e tinham pouca importância. A natureza devastadora de *T. harzianum* não estava documentada na indústria de cogumelos até 1985, quando foi observada pela primeira vez na Irlanda e resultou em perdas estimadas em 3-4 milhões de libras para as indústrias de cogumelos do Reino Unido e da Irlanda. A segunda epidemia de grande expansão ocorreu no início dos anos 90 na Irlanda (Seaby, 1996b). Foram registadas epidemias de bolores verdes nos EUA, Canadá, América do Sul, Ásia, Austrália e países europeus. O biótipo Th-2 de *T. harzianum* foi responsável por epidemias graves na Europa e o biótipo Th-4 na América (Largeteau-Mamoun *et al.*, 2002). As perdas de culturas devido ao bolor verde são variáveis, no entanto, desde o início da doença na Pensilvânia, as perdas de culturas foram estimadas em mais de 30 milhões de dólares (Anderson *et al.*, 2000). As perdas de rendimento no primeiro fluxo de *A. bisporus* por inoculações artificiais foram de até 8% para *T. pseudokoningii* e 26% para *T. atro viride* (Grogan, 2008).

Organismo causal

Várias espécies de *Trichoderma* estão associadas ao complexo da doença do bolor verde do pleuroto. A taxonomia deste género tem causado confusão e uma sucessão de micologistas tem-no investigado desde o início do século. Gustafson (2004) fez uma revisão da literatura e concluiu que, embora houvesse diferenças na morfologia entre os tipos, estas não eram consistentes e distintas. Por conseguinte, classificou todos os tipos como *T. viride*, embora reconhecendo a existência de uma variabilidade considerável, mas inconsistente. Chang e Miles (1989) reviram o género e propuseram nove agregados de espécies. A sua classificação é agora a que é geralmente aceite. As espécies registadas na cultura de cogumelos incluem *T. viride, T. harzianum* e *T. koningi*. Diz-se que *T. viride* é um fungo de ervas daninhas, *T. koningi* um agente patogénico, enquanto *T. harzianum* tem sido atribuído a uma variedade de papéis, incluindo agente patogénico e agente de controlo biológico. Quatro biótipos, nomeadamente, Th-1. Th-2, Th-3 e Th-4 foram caracterizados em *T. harzianum* com base na ocorrência, sintomas, caracteres morfológicos e requisitos fisiológicos (Seaby, 1989).

***Trichoderma viride* (*Trichoderma lignorum*)**

Esta espécie é muito comum no solo. Os esporos são ovóides, de paredes rugosas, verdes e medem 2,8-5x2,8-4m. A colónia emite um odor a coco. Este fungo cresceu lentamente a 27°C mas mais rapidamente a 20°C.

Trichoderma koningi

É um habitante comum do solo. Os esporos são de paredes lisas, cilíndricos, verdes e medem 3-

4,8x1,9-2,8m. A colónia não emite odor. Os esporos germinam mais rapidamente do que outras espécies e a taxa de crescimento é de 1-1,2 mm/hora.

Trichoderma harzianum

As espécies de *Trichoderma* são fungos filamentosos assexuados, que habitam o solo, com teleomorfos pertencentes ao género *Hypocrea* (Ascomycota, Pyrenomycetes, Hypocreales, Hypocreaceae). Para além da importância industrial do género (Kubicek e Penttila, 1998), sabe-se que certas espécies de *Trichoderma* têm a capacidade de antagonizar uma série de fungos patogénicos para as plantas (Papavizas, 1985). Os mecanismos de antagonismo propostos incluem o micoparasitismo pela ação de enzimas que degradam a parede celular, a antibiose pela produção de antibióticos, a competição por espaço e nutrientes através da competência da rizosfera, a facilitação da germinação de sementes e o crescimento das plantas através da libertação de minerais importantes e oligoelementos do solo e a indução de respostas de defesa nas plantas (Herrera-Estrella e Chet, 2003). Durante as últimas décadas, foi relatado que representantes do género são prejudiciais como agentes patogénicos oportunistas emergentes para os seres humanos (Kredics *et al.*, 2003; Druzhinina *et al.*, 2008) e como agentes causadores da doença do bolor verde, uma doença que resulta em perdas substanciais na produção de cogumelos cultivados, incluindo champignon (*Agaricus bisporus*), shiitake (*Lentinula edodes*) e pleuroto (*Pleurotus* spp*)*. As colónias crescem rapidamente, a maioria dos isolados com 7-9 cm de diâmetro após 3-4 dias, micélio aéreo flocoso, branco a acinzentado. A conidiação em MEA é inicialmente compacta e produz um posturo plano, frequentemente concêntrico, de cor verde esbranquiçada, que mais tarde adquire uma cor verde escura. Clamidósporos bastante abundantes, intercalares ou terminais, solitários, de paredes lisas, na sua maioria com 6-12 mm de diâmetro. Conidióforos macronematosos altamente ramificados. Os conídios são de paredes lisas, ovóides, de cor verde e medem 2,4-3,2x2,2-2,8m. Embora um número de *Trichoderma* spp. (por exemplo, *T. koningii, T. hamatum, T. longibrachiatum*, *T. citrinoviride, T. crassum, T. spirale* (Castle *et al.*, 1998)) tenha sido isolado de composto de cogumelos, a colonização agressiva que resultou em surtos epidémicos foi atribuída originalmente apenas a *T. harzianum* (Doyle, 1991). Os isolados de composto (Seaby, 1987; Seaby, 1989) das Ilhas Britânicas identificados como *T. harzianum* foram diferenciados em três formas biológicas (Seaby, 1987). Verificou-se que os biótipos Th1, Th2 e Th3 (Seaby, 1987) diferiam nas suas taxas de crescimento, padrões de esporulação e agressividade na colonização do composto, sendo Th2 a forma agressiva responsável por epidemias de bolor verde com base em experiências de inoculação (Fletcher, 1990; Seaby, 1987; Seaby, 1989; Staunton, 1987). Os biótipos também podem ser diferenciados pelo aspeto das colónias, bem como pelas caraterísticas micromorfológicas, incluindo fialídeos e fialosporos (Seaby, 1996a). O biótipo Th1 é comumente encontrado em matérias-primas e pátios de compostagem, mas raramente encontrado em sacos de composto pasteurizado (Seaby, 1987). Cresce rapidamente (1 mm/h) a 27 °C e a esporulação ocorre em dois dias após a exposição à luz, criando uma grande quantidade de micélio aéreo. O tecido esporulado adquire uma cor verde semelhante à dos espinafres. A cultura tem um cheiro a malte (Garcia-Morras e Olivan, 1999). O Th2 está predominantemente presente no composto afetado, mas raramente na matéria-prima do composto. Cresce rapidamente (1 mm/h) a 27 °C, produzindo uma camada cotonosa de micélio aéreo. A esporulação não ocorre até pelo menos quatro dias e depois surge na área central em faixas concêntricas verdes. O Th3 é encontrado em matérias-primas e estaleiros, mas raramente em sacos, tabuleiros ou prateleiras afectados, exceto nos casos em que o pó dos ingredientes possa ter sido soprado para o composto pasteurizado (Seaby, 1996a). Cresce a uma velocidade de 0,5-1 mm/h. As colónias têm um aspeto radial e a cultura tem um cheiro a coco. Este agrupamento inicial foi mais tarde confirmado durante a investigação de 81 estirpes de *Trichoderma* isoladas de composto de cogumelos através de uma série de técnicas moleculares, incluindo polimorfismo de comprimento de fragmentos de restrição (RFLP), ADN polimórfico amplificado aleatoriamente (RAPD) com seis primers e a análise da sequência da região do espaçador interno transcrito 1 (ITS1) (Clift e Shamshad, 2009). Foi encontrada uniformidade genética no caso do Th2 (Muthumeenakshi *et al.,* 1994), o que apoia a hipótese de que o agente do bolor verde em todas as Ilhas Britânicas pode ter tido origem numa única fonte, possivelmente na Irlanda do Norte (Morris *et al.,* 1995), que derivou de um mutante particularmente adequado para o crescimento em composto de cogumelos (Seaby, 1987). No entanto, pequenas variações no ADN mitocondrial (ADNmt) podem distinguir as estirpes irlandesas das da Grã-Bretanha (Muthumeenakshi *et al.,* 1994). Esta variação genética pode ser devida a um grande número de eventos mutacionais após a primeira mutação que permitiu a colonização inicial do composto. As técnicas moleculares acima mencionadas foram utilizadas mais tarde para a caraterização molecular de estirpes *de Trichoderma* isoladas de explorações de cogumelos da América do Norte (Castle *et al.,* 1998 e Qi *et al.,* 1996). Verificou-se que o grupo agressivo Th2 nas Ilhas Britânicas era diferente do observado na América do Norte (grupo Th4). As estirpes do biótipo Th4 pareciam ser geneticamente uniformes, o que sugere que as estirpes Th4 podem ser originárias de uma única fonte. A diferença na sequência ITS1 foi de 5 pares de bases entre os biótipos Th2 e Th4, e a análise da sequência ITS1 revelou que estes dois biótipos estão filogeneticamente estreitamente relacionados com o grupo Th1 de *T. harzianum* (Muthumeenakshi e Mills, 1995). A taxa de crescimento do Th4 é de 0,8 mm/h, as colónias produzem micélio aéreo e têm bordos ondulados. A esporulação ocorre em faixas (Seaby, 1996a). Com base nestes resultados, concluiu-se que a doença do bolor verde não era causada por uma única estirpe, criando a hipótese alternativa de que as formas agressivas surgiram de, pelo menos, duas fontes independentes (nas Ilhas Britânicas e na América do Norte) através da adaptação de populações existentes às condições ambientais de produção de cogumelos. Esta hipótese explica as diferenças entre os isolados norte-americanos e os isolados irlandeses e britânicos. Dado que *T. harzianum* é uma espécie frequentemente utilizada para o controlo biológico de fungos patogénicos para as plantas, surgiram preocupações quanto ao possível envolvimento de estirpes de controlo biológico no desenvolvimento do bolor verde dos cogumelos. No entanto, estudos filogenéticos moleculares baseados na análise RAPD, bem como na análise da sequência da região ITS1-5.8S rDNA-ITS2, revelaram que, embora o controlo biológico e os isolados de bolor verde estivessem estreitamente relacionados, podiam ser claramente distinguidos uns dos outros (Ospina-Giraldo *et al.,* 1999), sugerindo que Th2 e Th4 evoluíram a partir de um antepassado comum recente, tanto para o controlo biológico como para os biótipos relacionados com o bolor verde. As espécies de *Trichoderma* produzem várias micotoxinas, que retardam o crescimento do micélio dos cogumelos. As espécies também segregam enzimas hidrolíticas como quitinases, b-glucanases e celulases que lisam as paredes celulares dos fungos e desempenham um papel na atividade micoparasitária deste fungo (Danesh *et al.*, 2000).

Sintomatologia

Foi relatado que diferentes espécies de *Trichoderma* estão associadas a sintomas de bolor verde no composto, no solo da tripa, nos frascos de semente e nos grãos após a sementeira. Pode aparecer um crescimento denso e branco puro de micélio na superfície da terra de cobertura ou no composto, que se assemelha a micélio de cogumelo. Mais tarde, o tapete micelial adquire uma cor verde devido à esporulação intensa do agente causal, que é um sintoma caraterístico da doença. A partir daí, o fungo atinge a superfície da camada de invólucro e infecta as partes novas, desenvolvendo primórdios recém-criados. Os cogumelos que se desenvolvem dentro ou perto deste micélio são castanhos, podem rachar e distorcer-se, e o estipe descasca de forma semelhante aos cogumelos atacados por *Verticillium fungicola* que causa a doença da bolha seca. Algumas espécies induzem lesões/manchas acastanhadas no chapéu que podem cobrir toda a superfície do chapéu em condições congénitas.

Os bolores verdes patogénicos podem colonizar o substrato ou crescer na superfície dos cogumelos emergentes. Não aparecem sintomas nos sacos até 10-35 dias após a inoculação aparentemente normal de *A. bisporus*. *Trichoderma* spp. produz micélios esbranquiçados, indistinguíveis dos micélios dos cogumelos durante a colonização micelial, pelo que é difícil reconhecer a infeção nesta fase (Largeteau-Mamoun *et al.,* 2002). Subsequentemente, grandes áreas de composto tornam-se verdes rapidamente, à medida que começa a produção de esporos nos micélios *de Trichoderma* que passaram pelo composto com *Agaricus* (Seaby, 1996a). Morris *et al.* (1995) descreveram os sintomas da doença do bolor verde como a presença de esporulação fúngica verde no composto de cogumelos ou na camada de revestimento entre 2-5 semanas do ciclo de produção na unidade de cultivo de cogumelos. A perda de cultura é proporcional à área infetada, não sendo, geralmente, produzidos cogumelos em sacos contaminados no caso de surtos graves. Além disso, mesmo que apareçam cogumelos, não são vendáveis, visto que muitas vezes ficam gravemente manchados, distorcidos (Seaby, 1989) e infestados com ácaros vermelhos do pimento (*Pygmephorus mesembrinae*), que se alimentam de *Trichoderma* e se juntam aos cogumelos (Morris *et al.*, 1995).

Prevenção e controlo da doença do bolor verde do *Pleurotus florida*

Benjamin Franklin disse: "uma onça (28 g) de prevenção vale uma libra (454 g) de cura". Isto significa que a prevenção vale 16 vezes mais do que a cura. Antes de compreender o que é necessário para a prevenção, é fundamental o conhecimento prévio de como as doenças e as pragas entram nas nossas culturas e como se propagam. A cor verde apresentada pelos fungos provém dos seus esporos e não das hifas. A cor das hifas dos fungos é geralmente branca. Os fungos verdes desenvolvem milhares de milhões de esporos que são facilmente transportados pelos trabalhadores, insectos e equipamento contaminado. Por conseguinte, as infestações espalham-se rapidamente e o controlo da doença é difícil (Rinker e Alm, 2000; Anderson *et al.,* 2001). A incapacidade de tratar os surtos de doença nas fases iniciais pode ser muito dispendiosa, uma vez que as áreas de doença não tratadas produzem os esporos e os propágulos que irão espalhar a doença pelo resto da cultura e pela exploração agrícola (Grogan, 2008). A falta de higiene, quer através de uma desinfeção ineficaz do equipamento, quer através da entrada de ar contaminado nas salas de postura, é a via provável de entrada do agente patogénico. Para evitar a acumulação de propágulos do agente patogénico na exploração, são necessárias normas sanitárias rigorosas, associadas à utilização do fungicida adequado (Grogan, 2008). Durante muito tempo, foi prática comum polvilhar sal sobre as manchas de bolor verde ou irrigá-las com uma solução contendo benomil. Em certos casos, todo o material da tripa infetado era removido e era aplicada uma nova tripa (Gyorfi, 2002). Na produção comercial de *A. bisporus*, os desinfectantes são frequentemente utilizados como auxiliares dos procedimentos gerais de higiene e como inibidores da atividade de muitos microrganismos indesejáveis (Lelley, 1987). São usados para limpar prateleiras, recipientes de cultivo, maquinaria e superfícies de trabalho, assim como pavimentos e paredes e em pedilúvios (Lelley e Straetman, 1986). A pasteurização de composto (Peil *et al.,* 1996) ou de materiais de madeira usados na construção de salas de cultivo de cogumelos (Catlin *et al.,* 2004) resultou numa baixa infeção de bolor verde, assim como numa produção elevada e num número elevado de fluxos. Catlin *et al.* (2004) afirmaram que 6 h a 60°C é adequado para o processo de pasteurização pós-colheita. No entanto, o tratamento térmico não é um método preventivo eficaz porque os agentes patogénicos do bolor verde têm potencial para sobreviver a temperaturas de até 60°C durante um período de tempo e também foram isolados de composto recentemente pasteurizado (Morris *et al.,* 2000). O ajuste do pH do invólucro é outra abordagem para a gestão de *Trichoderma* (Rinker e Alm, 2008). É necessário prestar atenção à natureza da superfície de construção nas estruturas utilizadas na indústria de cogumelos. Foi observada uma maior persistência da contaminação por bolor verde na superfície mais áspera (madeira e betão) do que na superfície mais lisa e vidrada (azulejo) (Abosriwil e Clancy, 2002). A prevenção tem de desempenhar um papel central na gestão dos bolores verdes, no entanto, se a infeção já tiver ocorrido numa instalação de produção de cogumelos, tem de ser controlada.

Saneamento e higiene

A higiene abrange todas as medidas necessárias para permitir que as pragas e os agentes patogénicos tenham a menor possibilidade possível de sobreviver, desenvolver-se e propagar-se. Assim, a higiene e o saneamento andam de mãos dadas em todas as fases do cultivo de cogumelos. A higiene da exploração é a melhor defesa que um cultivador de cogumelos tem contra pragas e doenças de cogumelos, particularmente durante os dias actuais, quando se desencoraja o uso de produtos químicos em culturas alimentares. Depois de termos analisado os detalhes de diferentes doenças, discutidos anteriormente, sabemos que os organismos patogénicos dos cogumelos entram numa exploração de cogumelos de várias formas. Podem entrar a voar, à deriva no vento e a rastejar. Também podem ser transportados nas pessoas, nos veículos e nas matérias-primas. O que agrava ainda mais a situação é o facto de serem normalmente difíceis ou impossíveis de ver a olho nu. Com base nas observações críticas durante todas as fases da produção de cogumelos, os passos seguintes tornaram-se uma prática rotineira para cultivar cogumelos com sucesso.

- A localização da unidade de cogumelos deve ser numa zona em que os efluentes das indústrias químicas não poluam a água e em que o ar esteja isento de fumos ou gases tóxicos.
- O chão para a preparação do composto deve ser cimentado ou ladrilhado e coberto com um telhado.
- Os substratos utilizados para a preparação do composto devem ser frescos, protegidos da chuva e misturados na proporção exacta.
- A pasteurização e o acondicionamento do composto devem ter uma duração óptima a temperaturas corretas, uma vez que uma pasteurização excessiva ou insuficiente pode não produzir composto de qualidade e provocar muitos problemas de doenças.
- Não permitir o livre acesso das pessoas que trabalham em estaleiros de compostagem às zonas de desova e a outras zonas mais limpas sem mudar o vestuário e o pedilúvio. Do mesmo modo, todas as máquinas, incluindo tractores e empilhadores, não devem ser deslocadas para as zonas mais limpas. Após o enchimento, todo o equipamento e maquinaria devem ser cuidadosamente limpos.
- A semente deve ser fresca e livre de todos os contaminantes.

- Todos os equipamentos utilizados para a desova, o chão e as paredes da zona de desova devem ser lavados e desinfectados.
- O ar fresco deve ser filtrado antes de entrar nas salas de cultivo para excluir todas as partículas de 2 mícrones ou mais.
- A mistura de tripa deve ser corretamente pasteurizada (60-65° C durante 5-6 horas).
- A mistura de tripa deve ser armazenada num local limpo e desinfectado. Todos os contentores, equipamentos e máquinas utilizados para o revestimento devem ser cuidadosamente lavados e desinfectados.
- Manter o pó no mínimo e não ter operações poeirentas a decorrer ao mesmo tempo noutra parte da exploração também é muito útil.
- Os apanhadores devem usar fatos-macaco e luvas limpos. A colheita deve começar a partir de culturas novas ou mais limpas em direção a culturas mais antigas.
- Os resíduos da apanha, os chochos, o lixo, os caules e os cogumelos não vendáveis devem ser cuidadosamente recolhidos, não se deixando cair no chão, e devem ser eliminados cuidadosamente.
- Evitar a condensação superficial de água nos cogumelos em desenvolvimento.
- Adicionar pó branqueador (150ppm) em cada rega para controlar as doenças bacterianas.
- Remover os sacos fortemente infectados das áreas de cultivo ou tratar as manchas por aplicação pontual de formalina a 2% ou de Bavistin a 0,05%.
- Manter condições ambientais óptimas nos locais de cultivo para evitar perturbações abióticas.
- Controlar atempadamente os insectos-praga para evitar a propagação de agentes patogénicos por estes.
- No final da colheita, a cozedura a 70^{0} C durante 12 horas é essencial para eliminar todas as pragas e agentes patogénicos.

Tratamentos químicos

Apesar da expansão do cultivo comercial de cogumelos, apenas um número limitado de fungicidas foi recomendado para aplicação em composto, invólucro ou semente (Abosriwil e Clancy, 2002). Inicialmente, os fungicidas benzimidazóis aplicados à semente permitiam um bom controlo do problema, mas, com o tempo, os agentes patogénicos dos cogumelos, como *Trichoderma* spp. desenvolveram resistência a estes fungicidas (Romaine *et al.*, 2005). Além disso, sabe-se que alguns fungicidas, como o benomil e o carbendazim, são susceptíveis à degradação microbiana nos solos

(Fletcher *et al.,* 1980), o que pode levar a um controlo reduzido dos agentes patogénicos. Foram avaliados vários fungicidas para controlar a doença do bolor verde e, entre eles, environ (um desinfetante comercial) (Abosriwil e Clancy, 2002), procloraz, procloraz + carbendazim (Abosriwil e Clancy, 2003) e thiabendazol (Rinker e Alm, 2008) foram os mais eficazes na redução da colonização do composto por estirpes *de Trichoderma*. Romaine *et al.* (2005) recomendaram o sulfato de imazalil (um imidazol) contra estirpes resistentes ao benzimidazol. Abosriwil e Clancy (2002) concluíram que a colocação de fungicida sobre a semente proporcionou uma melhor redução da colonização por *Trichoderma do* que quando o fungicida foi disperso por toda a massa de composto. Visto que os fungicidas também podem reduzir o crescimento de micélios de *Pleurotus florida*, deve haver um equilíbrio entre o benefício da limitação de contaminantes indesejáveis e a possível redução do vigor da cultura de cogumelos. Além disso, muitos produtos químicos já não estão aprovados para utilização, e com o aparecimento de novos agentes patogénicos em evolução, bem como com o aumento da procura de uma utilização reduzida de pesticidas, os produtores terão de depender cada vez mais da prevenção de doenças e de outras medidas para controlar surtos, em vez de recorrer a produtos químicos (Grogan, 2008).

É aconselhável controlar a doença nos cogumelos através das medidas higiénicas enumeradas acima. Existe apenas um número limitado de pesticidas registados para uso em cogumelos. Isto deve-se ao facto de que os próprios cogumelos são fungos e a maioria dos agentes patogénicos também são fungos, o que torna a escolha de fungicidas muito difícil. Além disso, o ciclo de cultivo curto e a toxicidade residual de diferentes produtos químicos constituem uma grande preocupação e devem ser mantidos abaixo do limite de tolerância. Os cogumelos são muito sensíveis a fumos, gases tóxicos e vários produtos químicos. Este facto também limita a utilização frequente de produtos químicos na indústria dos cogumelos. Um fator igualmente importante que limita a utilização de fungicidas para a gestão de doenças em cogumelos é o problema da resistência. As aplicações repetidas e regulares do mesmo produto químico aumentam muito a possibilidade de resistência.

Se estiverem disponíveis fungicidas alternativos igualmente eficazes, o problema da resistência aos pesticidas pode ser minimizado. Por outro lado, infelizmente, há apenas algumas pragas ou doenças que podem ser controladas de forma satisfatória apenas através da manipulação ambiental.

4. Controlo biológico

Embora o controlo biológico consista em diversos métodos e abordagens para suprimir as doenças das plantas, na maioria dos casos são adicionados ao ecossistema antagonistas dos agentes patogénicos. A maioria das abordagens de controlo biológico visa suprimir a doença inicial induzida por um agente patogénico transmitido pelo solo ou a aplicação de um isolado avirulento do agente patogénico que "compete" com o agente patogénico virulento no hospedeiro. Envolve a utilização de organismos antagonistas através da incorporação de agentes de controlo biológico e de alterações orgânicas. Os agentes biológicos estão a ser cada vez mais experimentados em todo o mundo, mas com uma aplicação limitada à escala comercial. Certas bactérias, incluindo espécies de *Bacillus* que existem naturalmente no invólucro, são antagonistas eficientes de estirpes agressivas de *Trichoderma*, pelo que têm potencial para serem utilizadas na gestão da doença do bolor verde. Herrera-Estrella e Chet (2003) estudaram o potencial de bactérias antagonistas que ocorrem naturalmente em misturas de invólucros para controlar alguns fungos patogénicos de *A. bisporus*, incluindo *T. harzianum in-vitro* e nos leitos de cogumelos. Entre os isolados bacterianos, BI III controlou significativamente *T. harzianum in-vitro* e *in-vivo*. Além disso, registou-se um rendimento mais elevado no caso do *T. harzianum* quando o BI III foi utilizado contra ele. Gyorfi e Geosel (2008) estudaram a capacidade *in-vivo* de antagonistas bacterianos selecionados (*Bacillus* sp.) para proporcionar proteção contra a infeção por *T. aggressivum* f. *europaeum* e *T. aggressivum* f. *aggressivum* em condições de cultivo. Duas estirpes foram eficazes no controlo de espécies de *Trichoderma* em condições de produção *in-vivo* e as bactérias aumentaram tanto o rendimento como a sua estabilidade.

Uma outra opção para evitar perdas económicas no cultivo de *Pleurotus* devido ao problema do bolor verde poderia ser o cultivo de cultivares resistentes aos agentes patogénicos agressivos *de Trichoderma.*

Bacillus subtilis **como agente de controlo biológico**

O Bacillus subtilis não é um micróbio obscuro ou misterioso. É, pelo contrário, uma bactéria muito bem estudada. É vista pelos microbiologistas como um exemplo típico de uma bactéria Gram-positiva e produtora de endosporos. Consequentemente, *o B. subtilis* atrai muita investigação e é por isso que foi um dos primeiros organismos a ter o seu genoma completo sequenciado. *Bacillus subtilis* é uma bactéria saprófita ubíqua de ocorrência natural que é normalmente recuperada do solo, água, ar e material vegetal em decomposição. No entanto, na maioria das condições, não é biologicamente ativa e está presente sob a forma de esporos. Diferentes estirpes de *B. subtilis* podem ser utilizadas como agentes de controlo biológico em diferentes situações. Existem duas categorias gerais de estirpes de *B. subtilis*: as que são aplicadas na folhagem de uma planta e as que são aplicadas no solo ou na mistura de transplante aquando da sementeira. A estirpe QST713 de *B. subtilis* é uma estirpe natural que foi isolada em 1995 pela AgraQuest Inc. a partir do solo de um pomar de pessegueiros da Califórnia. Este produto é aplicado na folhagem (NY DEC, 2001). Em contrapartida, a estirpe GB03 de *B. subtilis* (Kodiak®) foi descoberta na Austrália na década de 1930 e é aplicada como tratamento de sementes ou diretamente no solo. Nenhuma das estirpes é considerada um organismo geneticamente modificado.

Mecanismo de ação de *Bacillus subtilis*

A bactéria *Bacillus subtilis* produz uma classe de antibióticos lipopeptídeos, incluindo as iturinas. As iturinas ajudam as bactérias *Bacillus subtilis* a competir com outros microrganismos, matando-os ou reduzindo a sua taxa de crescimento (CPL, 2002). As iturinas podem também ter uma atividade fungicida direta sobre os agentes patogénicos. Os produtos *de Bacillus subtilis* são fabricados para muitas utilizações. Para o controlo de doenças das plantas, estes incluem a aplicação foliar e produtos aplicados na zona das raízes, composto ou sementes. Quando aplicadas diretamente nas sementes, as bactérias colonizam o sistema radicular em desenvolvimento, competindo com organismos patogénicos que atacam os sistemas radiculares (CPL, 2002).

De acordo com o fabricante, *a B. subtilis* inibe a germinação de esporos de agentes patogénicos das plantas, interrompe o crescimento do tubo germinativo e interfere com a fixação do agente patogénico à planta. Também é referido que induz resistência sistémica adquirida (SAR) contra agentes patogénicos bacterianos (NY DEC, 2001). De acordo com o fabricante, a estirpe GB03 (Kodiak®) proporciona uma proteção alargada contra os agentes patogénicos através de três modos de ação distintos:

- As colónias de *B. subtilis* ocupam espaço, deixando menos área ou fonte para ocupação por agentes patogénicos.

- O Kodiak® alimenta-se dos exsudados das plantas, que também servem de fonte de alimento para os agentes patogénicos. Como consome exsudados, o Kodiak® priva os agentes patogénicos de uma importante fonte de alimento, inibindo assim a sua capacidade de prosperar e de se reproduzir.

- O Kodiak® combate os fungos patogénicos através da produção de um produto químico (uma iturina) que inibe o crescimento do agente patogénico (Gustafson, 2004). Backman *et al.* (1997) relataram que 60-75% das sementes utilizadas para a cultura do algodão nos EUA foram tratadas com Kodiak® para a supressão dos agentes patogénicos *Fusarium* e *Rhizoctonia.*

Efeito do *bacillus subtilis* na saúde humana

Em termos de saúde humana, os revisores consideraram a bactéria *B. subtilis* relativamente benigna. Não é um agente patogénico ou causador de doenças humanas conhecido. *O Bacillus subtilis* produz a enzima subtilisina, que tem sido relatada como causadora de reacções alérgicas dérmicas ou de hipersensibilidade em indivíduos repetidamente expostos a esta enzima em ambientes industriais. Os dados relativos à toxicidade aguda oral, dérmica e pulmonar, bem como os dados relativos à irritação ocular e cutânea do ingrediente ativo e/ou do produto formulado, indicam que nem a estirpe QST713 de *B. subtilis* nem o produto biofungicida Serenade® foram muito tóxicos, irritantes, patogénicos ou infecciosos para os animais de laboratório pelas vias de exposição acima referidas. O produto biofungicida Serenade® provocou uma ligeira resposta de hipersensibilidade de contacto (testada em porquinhos-da-índia), indicando que é um potencial sensibilizador da pele (NY DEC, 2001). Não foram registados efeitos toxicológicos para o *B. subtilis* MBI 600 após estudos de inalação oral ou dérmica e não foi observada qualquer infecciosidade ou patogenicidade. HiStick® N/T (com base em dados relativos ao produto anteriormente rotulado Epic®) pode ser algo irritante para os olhos e a pele e pode causar reacções cutâneas por contacto direto (NY DEC, 2000).

5. MATERIAIS E MÉTODOS

O Trichoderma harzianum, que é o agente causador da doença do bolor verde de *Pleuorotus florida*, foi obtido no Laboratório de Patologia, Departamento de Produção e Proteção de Culturas, Faculdade de Agricultura, Universidade Obafemi Awolowo, Ile-Ife. O agente de controlo biológico, *Bacillus subtilis*, foi obtido no Laboratório de Microbiologia, Faculdade de Ciências, Universidade de Ilorin, Ilorin. O agente de controlo biológico e o agente causador foram mantidos activos através de subculturas periódicas de 15 em 15 dias em caldo nutritivo e em ágar dextrose de batata, respetivamente. Foram efectuados testes bioquímicos ao *Bacillus subtilis* para confirmar a sua autenticidade. Estes testes bioquímicos incluem oxidase, catalase, vermelho de metilo, Vogues Proskaeur, citrato de Simmon, ágar de ferro e açúcar triplo, redução de nitratos, indol, urease e hidrólise de amido.

Testes bioquímicos

Teste da oxidase

Este teste indica a capacidade de algumas bactérias produzirem a enzima "oxidase". Este teste é efectuado colocando um papel de filtro numa placa de Petri com uma cultura pura de *Bacillus subtilis*, após o que se deixam cair 3 gotas de reagente de oxidase no papel de filtro com a ajuda de uma vareta de vidro esterilizada. A coloração púrpura do papel de filtro nos primeiros 30 segundos é indicativa de um resultado positivo.

Teste da catalase

Colocou-se uma gota de peróxido de hidrogénio (H_2O_2) numa lâmina de vidro esterilizada e espalhou-se uma alça cheia de células bacterianas na lâmina com a ajuda de uma ansa de inoculação inflamada. A efervescência causada pela libertação de oxigénio sob a forma de bolhas de gás pelo organismo, em resultado da decomposição do peróxido em água e oxigénio, indica um resultado positivo. O teste demonstra a capacidade ou incapacidade da bactéria para produzir a enzima "catalase"

$$2H_2O_2 \rightarrow 2H_2O + O_2$$

Vermelho de metilo

Quinze gramas de pó de caldo Methyl Red-Vogues Proskaeur (MR-VP) foram suspensos em 1 L de água destilada. Deitaram-se 10 ml da solução em frascos MacCartney e autoclavaram-se a 121° C durante 15 minutos. Deixou-se arrefecer o caldo nos frascos e depois semeou-se com *Bacillus subtilis*. Este foi incubado a 37° C durante 2 dias. Após a incubação, foram adicionadas 5 gotas de indicador vermelho de metilo ao caldo de cultura. A presença de cor vermelha indica um resultado positivo, enquanto uma coloração amarela indica um resultado negativo (Minjares-Carranco *et al.,* 1991).

Teste de Voges-Proskauer (Vp)

Este teste detecta a produção de acetilmetilcarbinol, que é um intermediário formado na conversão do ácido pirúvico em 2, 3-butienoglicol. O caldo MR-VP foi inoculado com a bactéria e incubado a 37° C durante 2 dias. Após o período de incubação, foi adicionada uma alíquota de 1 ml de alfa-naftol e 1 ml de hidróxido de potássio a 40% a 1 ml do caldo inoculado. A cor rosa indica um resultado positivo, enquanto que a ausência de mudança de cor indica um resultado negativo (Coughlan e Ljungdahl, 1988).

Coloração de Gram e microscopia

Deixou-se cair uma gota de água esterilizada no meio de uma lâmina limpa e a ansa de inoculação foi inflamada e deixada arrefecer. A colónia de bactérias foi tocada com a ansa e as células bacterianas foram esfregadas na gota de água na lâmina, após o que foram espalhadas num esfregaço fino ao longo da lâmina. Deixou-se o esfregaço secar ao ar e passou-se rapidamente o verso da lâmina sobre uma chama para fixar as células bacterianas. O esfregaço foi inundado com violeta de metilo durante 60 segundos, após o que foi rapidamente escorrido e lavado com iodo de Lugol. O iodo de Lugol foi deixado durante 60 segundos e a lâmina foi lavada suavemente com água da torneira. Utilizou-se etanol (95%) para lavar a lâmina até esta ficar isenta da coloração de violeta de metilo, tendo sido novamente lavada com água da torneira. A lâmina foi finalmente inundada com safranina durante 30 segundos, após o que foi escorrida, lavada com água e seca com papel absorvente. A lâmina foi observada ao microscópio para verificar a cor que as células bacterianas retinham. Uma cor púrpura é indicativa de um resultado positivo, enquanto uma cor rosa é indicativa de um resultado negativo.

Citrato de Simmon

O teste do citrato analisa um isolado bacteriano quanto à sua capacidade de utilizar citrato como fonte de carbono e energia. Uma única colónia de *Bacillus subtilis* foi colhida com uma ansa de inoculação flamejante e levemente semeada na superfície do ágar citrato Simmon. Este foi incubado a 37° C durante 72 horas. A positividade ao citrato é indicada por uma cor azul da prússia intensa. Se for negativo, não se registará qualquer alteração de cor ou o meio permanecerá com a cor verde floresta profunda do ágar não inoculado.

Ágar-ferro com açúcar triplo

Trata-se de um teste realizado para identificar organismos entéricos com base na capacidade de libertar sulfureto de hidrogénio a partir de sulfato de amónio ou tiossulfato de sódio. Em tubos de ensaio inclinados com ágar ferro triplo açucarado, a superfície foi semeada com uma cultura pura de *Bacillus subtilis* e também foi espetada em profundidade. Os tubos de ensaio foram selados para evitar a contaminação e incubados a 37° C durante 2 semanas. A mudança de cor de vermelho para amarelo é indicativa de um resultado positivo, enquanto que a ausência de mudança de cor é indicativa de um resultado negativo.

Redução de nitratos

Este teste determina a capacidade de um organismo para reduzir o nitrato (NO_3) a nitrito (NO_2) ou a outros produtos reduzidos. Inoculou-se caldo de nitrato em tubos de ensaio com uma cultura pura e fresca de *Bacillus subtilis*. Estes tubos de ensaio foram incubados aerobicamente durante 48 horas a 24° C e foram adicionadas ao meio 5 gotas de œ- naftilamina e ácido sulfanílico, após o que foram agitados suavemente para misturar os reagentes. O resultado positivo do nitrato é caracterizado pela formação de uma cor rosa ou vermelha no meio, enquanto que a ausência de mudança de cor é indicativa de um resultado negativo.

Indole

O teste do indol permite avaliar a capacidade de um organismo para degradar o aminoácido triptofano e produzir indol. Os tubos contendo caldo de triptona foram inoculados com uma pequena quantidade de uma cultura pura de *Bacillus subtilis*. Esta foi incubada a 37°C durante 48 horas. Para testar a produção de indol, adicionaram-se 5 gotas de reagente de Kovâc diretamente ao tubo inoculado. Um teste de indol positivo é indicado pela formação de uma cor cor-de-rosa a vermelha ("anel vermelho-cereja") na camada de reagente no topo do meio, poucos segundos após a adição do reagente. Se uma cultura for negativa para o indol, a camada de reagente permanecerá amarela ou ligeiramente turva.

Urease

O teste da urease identifica os organismos que são capazes de hidrolisar a ureia para produzir amoníaco e dióxido de carbono. Inóculo pesado de uma cultura pura e fresca foi semeado em toda a superfície inclinada do ágar ureia de Christensen. Os tubos foram incubados com as tampas soltas a 35° C e a lâmina foi observada quanto a uma mudança de cor às 6 horas, 24 horas e todos os dias durante um máximo de 6 dias. A produção de urease é indicada por uma cor rosa brilhante (fúcsia) na lâmina, que pode estender-se até ao rabo. O meio de cultura permanecerá com uma cor amarelada se o organismo for negativo para a urease.

Avaliação *in-vitro* de *Bacillus subtilis* contra *Trichoderma harzianum* e *Pleurotus florida* Foi realizada no Laboratório de Patologia Vegetal da Universidade Obafemi Awolowo, Faculdade de Agricultura, Departamento de Produção e Proteção de Culturas. O agente de controlo biológico foi testado quanto à sua atividade antagonista contra *Trichoderma harzianum* e *Pleurotus florida*. Para a avaliação de *Bacillus subtilis* contra *Trichoderma harzianum*, uma cultura pura de *Bacillus subtilis* foi semeada numa placa de ágar dextrose de batata (PDA) solificada e *Trichoderma harzianum* foi assepticamente transferido para PDA solidificado em lados opostos (5 cm de distância) em placas de Petri (9 cm). As placas de Petri com *Trichoderma harzianum* serviram de controlo. Para a avaliação de *Bacillus subtilis* contra *Pleurotus florida*, a cultura pura de *Bacillus subtilis* foi semeada numa placa de ágar dextrose de batata (PDA) solificada e *Pleurotus florida* foi transferido assepticamente para PDA solidificado em lados opostos (5 cm de distância) em placas de Petri (9 cm). As placas de Petri com *Pleurotus florida* serviram de controlo. Para a avaliação da interação entre *Bacillus subtilis*, *Pleurotus florida* e *Trichoderma harzianum*, a cultura pura de *Bacillus subtilis* foi semeada numa placa de ágar dextrose de batata (PDA) solidificado e tanto *Pleurotus florida* como *Trichoderma harzianum* foram transferidos assepticamente para PDA solidificado, separados por uma distância de 2 cm em placas de Petri de 9 cm. As placas de Petri foram incubadas a 26 ± 1° C até se observar um crescimento completo nas placas de controlo. A inoculação concomitante de todos os organismos foi efectuada em quatro intervalos de tempo diferentes (6, 12, 18 e 24 horas). Isto foi repetido seis vezes. O crescimento radial de *Trichoderma harzianum* e *Pleurotus florida* foi registado (cm) e a inibição micelial (%) em relação ao controlo foi calculada de acordo com a fórmula dada por Muneera (2014) para todos os tratamentos avaliados *in-vitro*.

$$\text{Mycelial inhibition} = \frac{\text{Radial growth in control} - \text{Radial growth in treatment}}{\text{Radial growth in control}} * 100$$

Combinação de tratamentos para avaliação *in-vitro* de *Bacillus subtilis* contra *Trichoderma harzianum* e *Pleurotus florida*

Estas incluem a inoculação simultânea e concomitante

- Inoculação simultânea

Bacillus subtilis → *Trichoderma harzianum*

Bacillus subtilis → *Pleurotus florida*

Trichoderma harzianum → *Pleurotus florida*

Bacillus subtilis → *Trichoderma harzianum Pleurotus florida*

- Inoculação concomitante às 6, 12, 18 e 24 horas

Bacillus subtilis → *Trichoderma harzianum*

Bacillus subtilis → *Pleurotus florida*

Trichoderma harzianum → *Pleurotus florida*

Trichoderma harzianum → *Bacillus subtilis*

Pleurotus florida → *Trichoderma harzianum* →*Bacillus subtilis*

6. RESULTADOS

Confirmação de *Bacillus subtilis* e *Trichoderma harzianum*

As colónias de *Bacillus subtilis* são secas, planas e irregulares, com margens lobadas. *Trichoderma harzianum* tinha uma colónia verde escura que escurecia à medida que o dia avançava, como se pode ver nas placas 1-7. Os conídios têm uma forma globosa com conidióforos ramificados que contêm as massas de esporos.

Testes bioquímicos para *Bacillus subtilis*

Os testes bioquímicos efectuados com o objetivo de verificar a autenticidade de *Bacillus subtilis* deram resultados positivos nos testes de coloração de Gram, vermelho de metilo, Voges Proskauer, citrato de Simmon, ágar de ferro e açúcar triplo e catalase, mas negativos nos testes de oxidase, redução de nitratos, indol e urease, como se mostra no quadro 4. Este resultado é caraterístico de *Bacillus subtilis*

Quadro 3: Identificação bioquímica de *Bacillus subtilis*

TESTE	RESPOSTA
Urease	-
Redução de nitratos	-
Oxidase	-
Indole	-
Ágar de ferro com açúcar triplo	+
Catalase	+
Voges proskauer	+
Ágar citrato de Simmon	+
Coloração de Gram	+
Vermelho de metilo	+

+→Positivo

- → Negativo

Resposta do crescimento radial de *Trichoderma harzianum* durante sete dias

Verificou-se que *o Trichoderma harzianum* semeado em ágar batata dextrose solidificado durante sete dias aumentou o seu crescimento radial à medida que o dia avançava, do primeiro ao sétimo dia. Do primeiro ao sétimo dia, o crescimento radial (cm) foi de um (1), três (3), cinco (5), seis (6), oito (8), nove (9) e nove (9), respetivamente, como se mostra no Quadro 5. Inicialmente, a cor era branca, mas depois passou a verde. A cor verde tornou-se mais escura à medida que os dias avançavam, como se pode ver nas (Placas 3-9). Registaram-se diferenças significativas no crescimento radial de *Trichoderma harzianum* nos dias 1 e 4, 5, 6,7. No entanto, não se registaram diferenças significativas nos dias 1 e 2, 2 e 3, 3 e 4, 4 e 5, 5, 6 e 7 (Figura 1)

Quadro 4: Crescimento radial de *Trichoderma harzianum* observado durante sete dias

DIAS	CRESCIMENTO (CM)
1	1
2	3
3	5
4	6
5	8
6	9
7	9

Placa 3: Crescimento radial de *Trichoderma harzianum* observado no primeiro dia

Placa 4: Crescimento radial de *Trichoderma harzianum* observado no segundo dia

Placa 5: Crescimento radial de *Trichoderma harzianum* observado no terceiro dia

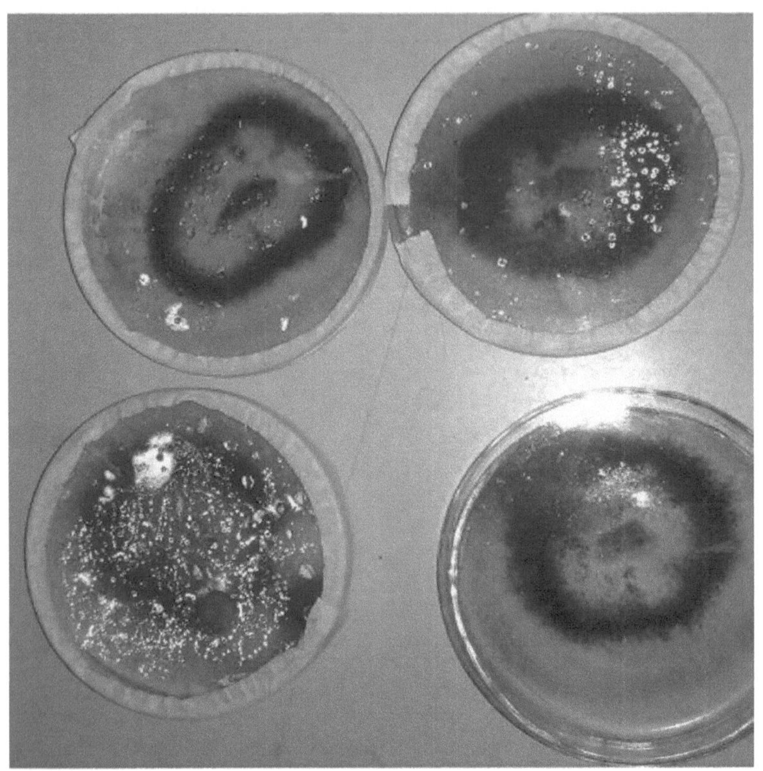

Placa 6: Crescimento radial de *Trichoderma harzianum* observado no quarto dia

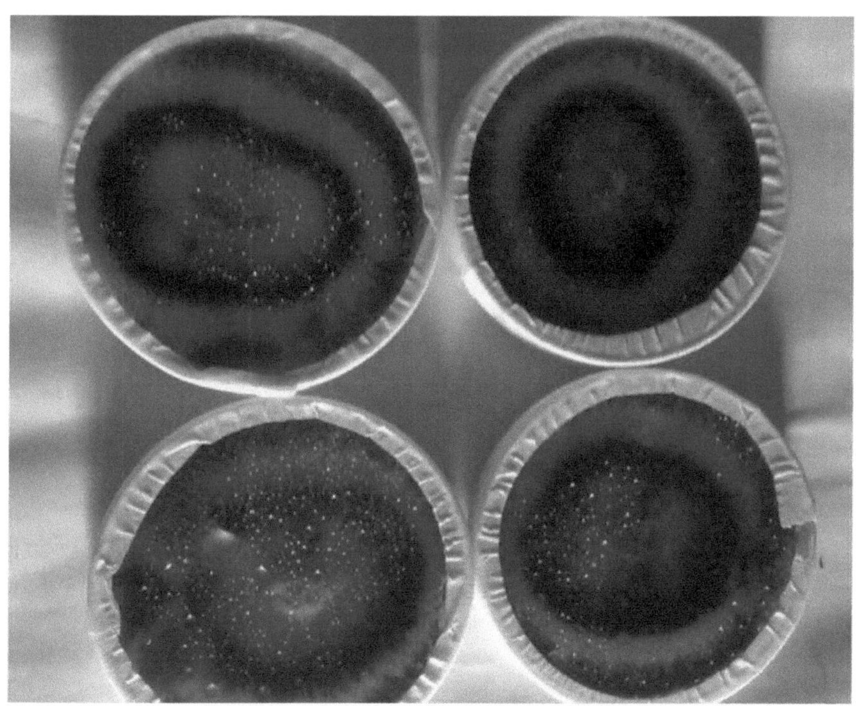

Placa 7: Crescimento radial de *Trichoderma harzianum* observado no quinto dia

Placa 8: Crescimento radial de *Trichoderma harzianum* observado no sexto dia

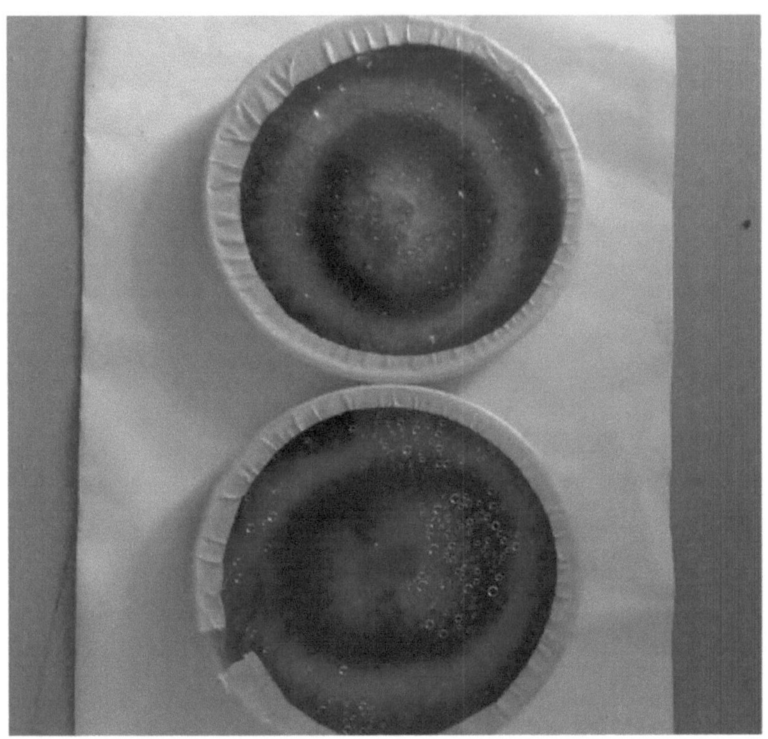

Placa 9: Crescimento radial de *Trichoderma harzianum* observado no sétimo dia

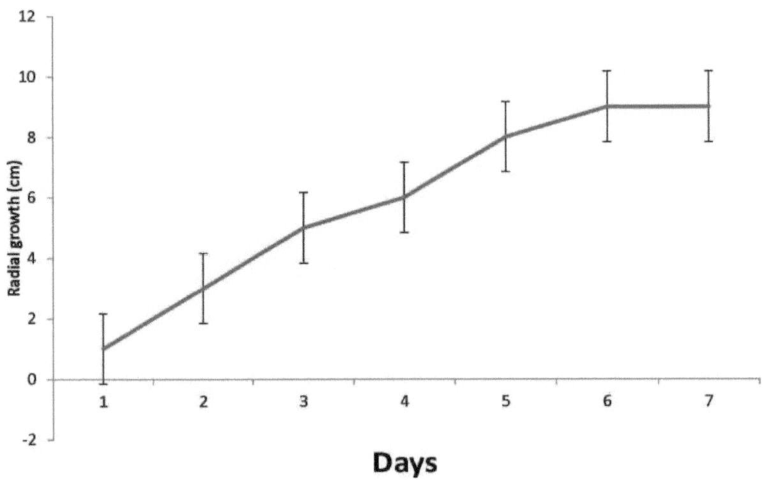

Figura 1: Crescimento radial de *Trichoderma harzianum* durante sete dias

Avaliação *in-vitro* simultânea de *Bacillus subtilis* contra *Trichoderma harzianum* (crescimento radial)

Todos os testes efectuados deram resultados diferentes. *Bacillus subtilis* foi testado simultaneamente contra *Trichoderma harziunum*. Para o efeito, foram avaliados dois tratamentos (B-T e B-P-T). No tratamento B-T, o crescimento radial de *Trichoderma harziunum* foi de 3,28 cm, enquanto que no tratamento B-P-T foi de 3,13 cm. Houve uma diferença significativa entre os dois tratamentos, como se pode ver na Figura 2, que mostra que a concorrência no tratamento B-P-T afectou o crescimento radial de *Trichoderma harzianum*.

Avaliação *in-vitro* simultânea de *Bacillus subtilis* contra *Pleurotus florida* (crescimento radial)

Para a avaliação *in-vitro* simultânea de *Bacillus subtilis* contra *Pleurotus florida*, foram avaliados dois tratamentos (B-P e B-T-P). Para B-P, o crescimento radial de *Pleurotus florida* foi de 4,52 cm, enquanto foi de 2,33 cm no tratamento B-T-P. *O Pleurotus florida* teve um crescimento radial mais elevado (4,52 cm) quando inoculado simultaneamente com *Bacillus subtilis*, ao passo que teve um crescimento radial mais baixo (2,33) para o segundo tratamento (B-T-P). Houve uma diferença significativa entre os dois tratamentos, como se mostra na (Figura 3), que mostrou que a presença de *Trichoderma harzianum* no segundo tratamento (B-T-P) inibiu mais o crescimento radial *de Pleurotus florida do* que a inibição por *Bacillus subtilis*, que foi mínima.

Avaliação *in-vitro* simultânea de *Trichoderma harzianum* contra *Pleurotus florida* (crescimento radial)

O Trichoderma harziunum foi testado simultaneamente contra o *Pleurotus florida*. Para isso, foram avaliados dois tratamentos (T-P e B-T-P). Para T-P, o crescimento radial de *Pleurotus florida* foi de 2,08 cm, enquanto foi de 2,33 cm no tratamento B-T-P. *Pleurotus florida* teve um crescimento radial mais elevado (2,33 cm) para B-T-P quando comparado com o seu crescimento para a combinação T-P. Isto indica que a presença de *Bacillus subtilis* na segunda combinação não permitiu que *Trichoderma harzianum* representasse qualquer ameaça séria ao crescimento radial de *Pleurotus florida.* No entanto, registou-se uma diferença significativa nos dois tratamentos, como se mostra na (Figura 4).

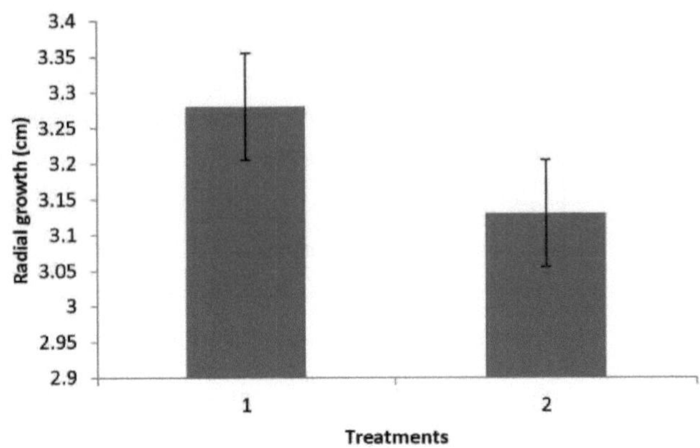

Figure 2: Avaliação *in-vitro* simultânea de *Bacillus subtilis* contra *Trichoderma harzianum* (crescimento radial)

1 ***Bacillus subtilis - Trichoderma harzianum***

2Bacillus ***subtilis - Pleurotus florida - Trichoderma harzianum***

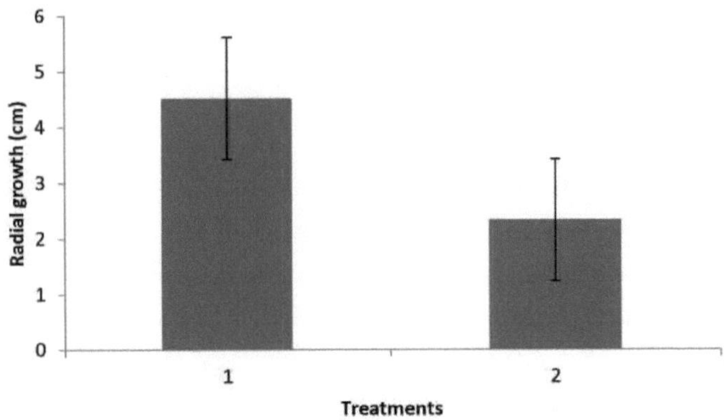

Figure 3: Avaliação *in-vitro* simultânea de *Bacillus subtilis* contra *Pleurotus florida* (crescimento radial)

1 ***Bacillus subtilis - Pleurotus florida***

2 ***Bacillus subtilis - Trichoderma harzianum - Pleurotus florida***

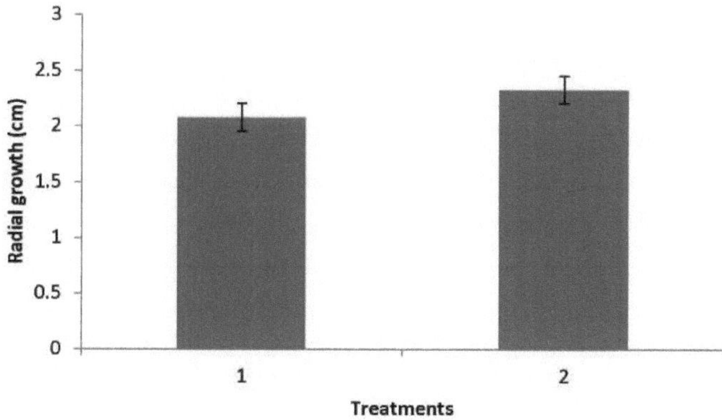

Figura 4: Avaliação *in vitro* simultânea de *Trichoderma harzianum* contra *Pleurotus florida* (crescimento radial)

1 ***Trichoderma harzianum - Pleurotus florida***

2 ***Bacillus subtilis - Trichoderma harzianum - Pleurotus florida***

Avaliação *in-vitro* simultânea de *Bacillus subtilis* contra *Trichoderma harzianum* (inibição de micélios)

O Bacillus subtilis foi testado simultaneamente contra o *Trichoderma harziunum*. Para o efeito, foram avaliados dois tratamentos (B-T e B-P-T). Para B-T, a inibição dos micélios de *Trichoderma harzianum* foi de 63,54%, enquanto foi de 65,19% no tratamento B-P-T. No entanto, os dois tratamentos diferem significativamente, como se mostra na (Figura 5). A inibição micelial de *Trichoderma harzianum* foi maior no tratamento B-P-T, o que se deve provavelmente ao facto de haver mais competição por espaço e nutrientes no ágar dextrose de batata utilizado para a inoculação, em comparação com a competição no tratamento B-T

Avaliação *in-vitro* simultânea de *Bacillus subtilis* contra *Pleurotus florida* (inibição micelial)

Para a avaliação *in-vitro* simultânea de *Bacillus subtilis* contra *Pleurotus florida*, foram avaliados dois tratamentos (B-P e B-T-P). Para B-P, a inibição micelial de *Trichoderma harziunum* foi de 49,82%, enquanto foi de 74,11% no tratamento B-T-P. *Pleurotus florida* teve uma inibição micelial mais baixa (49,82%) quando inoculado simultaneamente com *Bacillus subtilis*, enquanto teve uma inibição micelial elevada (74,11%) para o segundo tratamento. Houve uma diferença significativa entre os dois tratamentos, como se mostra na (Figura 6), que mostrou que a presença de *Trichoderma harzianum* no segundo tratamento foi responsável pela elevada inibição micelial de *Pleurotus florida*, em comparação com a inibição por *Bacillus subtilis*, que foi reduzida

Avaliação simultânea *in-vitro* de *Trichoderma harzianum* contra *Pleurotus florida* (inibição micelial)

O Trichoderma harziunum foi testado simultaneamente contra o *Pleurotus florida*. Para isso, foram avaliados dois tratamentos (T-P e B-T-P). Para T-P, a inibição micelial de *Pleurotus florida* foi de 76,86%, enquanto foi de 74,11% no tratamento B-T-P. *Pleurotus florida* teve uma inibição micelial mais baixa (74,11%) para B-T-P quando comparado com a sua inibição micelial para a combinação TP. Isto indica que a presença de *Bacillus subtilis* na segunda combinação não permitiu que *Trichoderma harzianum* representasse qualquer ameaça séria à inibição micelial de *Pleurotus florida*. No entanto, registou-se uma diferença significativa entre os dois tratamentos, como se pode ver na Figura 7.

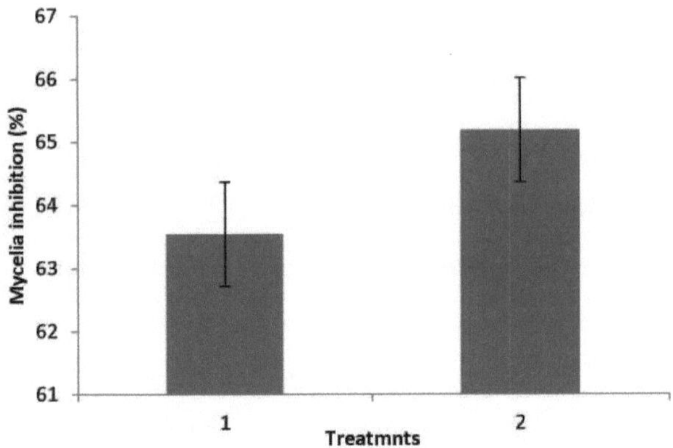

Figure 5: Avaliação *in-vitro* simultânea de *Bacillus subtilis* contra *Trichoderma harzianum* (inibição de micélios)

1 ***Bacillus subtilis - Trichoderma harzianum***

2 ***Bacillus subtilis - Pleurotus florida - Trichoderma harzianum***

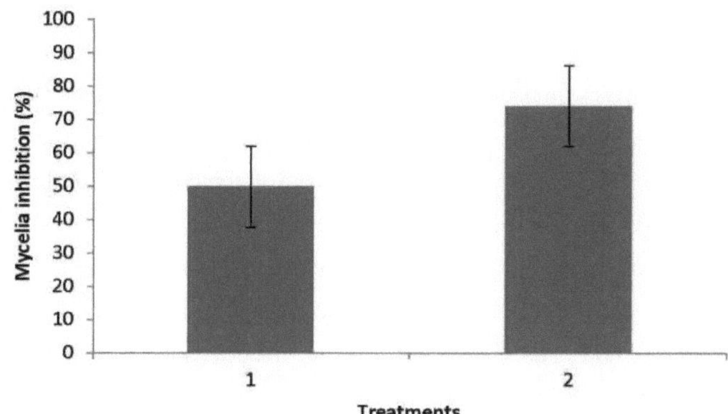

Figure 6: Avaliação *in-vitro* simultânea de *Bacillus subtilis* contra *Pleurotus florida* (inibição micelial)

1 ***Bacillus subtilis - Pleurotus florida***

2 ***Bacillus subtilis - Trichoderma harzianum - Pleurotus florida***

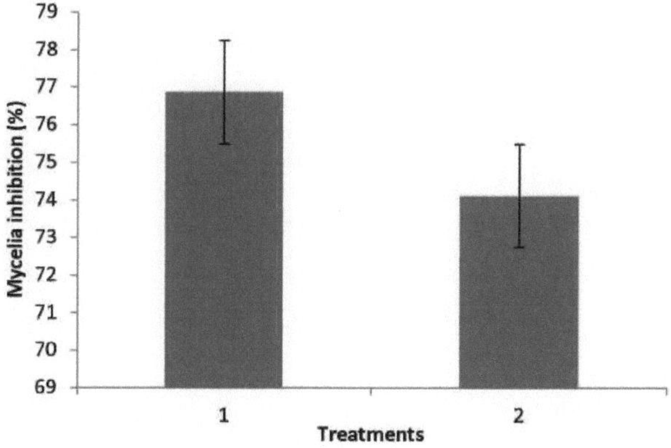

Figure 7: Avaliação *in-vitro* simultânea de *Trichoderma harzianum* contra *Pleurotus florida* (inibição micelial)

1 ***Trichoderma harzianum - Pleurotus florida***

2 ***Bacillus subtilis - Trichoderma harzianum - Pleurotus florida***

Avaliação *in-vitro* concomitante de *Bacillus subtilis* contra *Trichoderma harzianum* (crescimento radial)

Os dados apresentados na tabela (Tabela 6) mostram que o crescimento radial de *T. harzianum* diminuiu à medida que as horas aumentaram para as combinações B-T e B-P-T, mas aumentou à medida que as horas aumentaram para a combinação T-B. Para o crescimento radial da combinação B-T, houve diferença significativa em todas as horas de inoculação, embora *T. harzianum* tenha tido o maior crescimento radial na hora 6th . No crescimento radial para a combinação T-B, houve diferença significativa nas horas de inoculação, embora 0/6 horas e 18/24 horas não sejam significativamente diferentes, *T. harzianum* teve o maior crescimento radial 24th horas. No crescimento radial para a combinação B-P-T, houve uma diferença significativa nas horas de inoculação, embora 0/6 horas e 12/18 horas não sejam significativamente diferentes, o crescimento radial de *T. harzianum* foi mais elevado às 6th horas. Para a combinação dos três tratamentos às seis horas, não houve diferença significativa no crescimento radial de *Trichoderma harzianum*, ao contrário das 12,18 e 24 horas, onde houve diferença significativa no crescimento radial de *Trichoderma harzianum* para os três tratamentos, como se mostra na (Figura 8).

Quadro 5: Avaliação concomitante *in vitro* de *Bacillus subtilis* contra *Trichoderma harzianum* (crescimento radial)

Crescimento radial			
Tratamentos			
Horas	B-T	B-P-T	T-B
0	3.28	3.13	3.28
6	3.17	3.09	3.24
12	3.09	2.97	3.45
18	2.81	2.90	3.73
24	2.12	2.81	3.80
LSD	0.046	0.082	0.073

B-T *Bacillis subtilis - Trichoderma harzianum*

B-P-T *Bacillis subtilis - Pleurotus florida - Trichoderma harzianum*

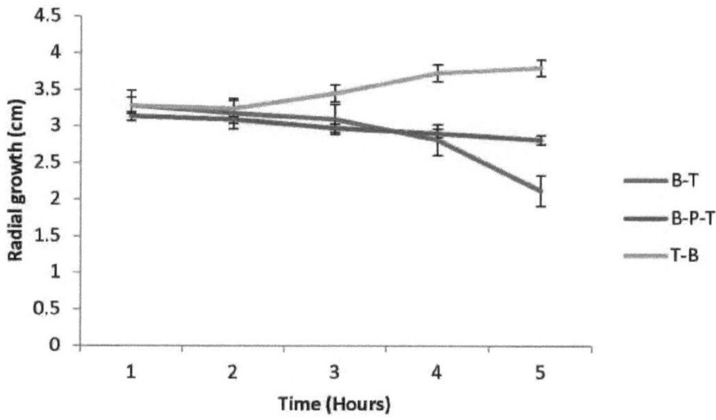

Figure 8: Avaliação *in-vitro* concomitante de *Bacillus subtilis* contra *Trichoderma harzianum* (crescimento radial)

1 0 hora

2 6 horas

3 12 horas

4 18 horas

5 24 horas

B-T *Bacillis subtilis - Trichoderma harzianum*

B-P-T *Bacillis subtilis - Pleurotus florida - Trichoderma harzianum*

T-B *Trichoderma harzianum - Bacillis subtilis*

Avaliação *in-vitro* concomitante de *Bacillus subtilis* contra *Pleurotus florida* (crescimento radial)

Verificou-se que o crescimento radial de *Pleurotus florida* na presença de *Bacillus* subtilis diminuía à medida que as horas aumentavam para a combinação B-P, mas aumentava para a combinação B-T-P à medida que as horas aumentavam (Tabela 7). Para o crescimento radial da combinação B-P, houve uma diferença significativa nas horas de inoculação, embora 0/6 e 6/12 horas não sejam significativamente diferentes, *P. florida* teve o maior crescimento radial às 6th horas. No crescimento radial para a combinação B-T-P, houve diferença significativa nas horas de inoculação, embora *Pleurotus florida* tenha tido o maior crescimento radial às 24th horas. Foram utilizadas duas combinações diferentes para esta avaliação, tendo sido observada uma diferença significativa no crescimento radial de *Pleurotus florida* para os dois tratamentos às 6, 12, 18 e 24 horas, como se mostra na (Figura 9).

Quadro 6: Avaliação concomitante *in vitro* de *Bacillus subtilis* contra *Pleurotus florida* (crescimento radial)

Crescimento radial		
Tratamentos		
Horas	B-P	B-T-P
0	4.52	2.33
6	4.42	2.32
12	4.33	2.51
18	4.13	2.63
24	3.79	2.81
LSD	0.122	0.032

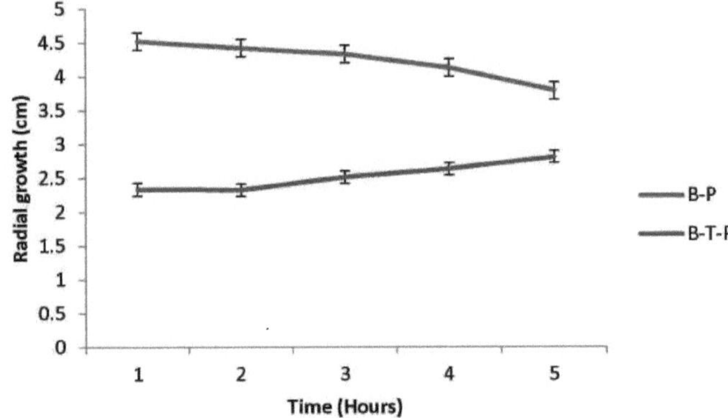

Figure 9: Avaliação *in-vitro* concomitante de *Bacillus subtilis* contra *Pleurotus florida* (crescimento radial)

1 0 hora

2 6 horas

3 12 horas

4 18 horas

5 24 horas

B-P *Bacillus subtilis - Pleurotus florida*

B-T-P *Bacillus subtilis - Trichoderma harzianum - Pleurotus florida*

Avaliação *in vitro* concomitante de *Trichoderma harzianum* contra *Pleurotus florida* (crescimento radial)

O crescimento radial de *P. florida* na presença de *T. harzianum* diminuiu com o aumento das horas para a combinação B-P, mas aumentou para a combinação B-T-P com o aumento das horas (Tabela 8). Para o crescimento radial da combinação T-P, houve diferença significativa nas horas de inoculação, embora *P. florida* tenha tido o maior crescimento radial na hora 6th . No crescimento radial para a combinação B-T-P, houve diferença significativa nas horas de inoculação, embora *Pleurotus florida* tenha tido o maior crescimento radial às 24th horas. Foi observada uma diferença significativa para ambos os tratamentos sob avaliação de *Trichoderma harzianum* contra *Pleurotus florida* às 6, 12, 18 e 24 horas, como se mostra na (Figura 10).

Quadro 7: Avaliação *in vitro* concomitante *de Trichoderma harzianum* contra *Pleurotus florida* (crescimento radial)

Crescimento radial

Tratamentos		
0	2.08	2.33
6	1.91	2.32
12	1.82	2.51
18	1.51	2.63
24	1.10	2.81
LSD	0.073	0.032

T-P ***Trichoderma harzianum - Pleurotus florida***

B-T-P *Bacillus subtilis - Trichoderma harzianum - Pleurotus florida*

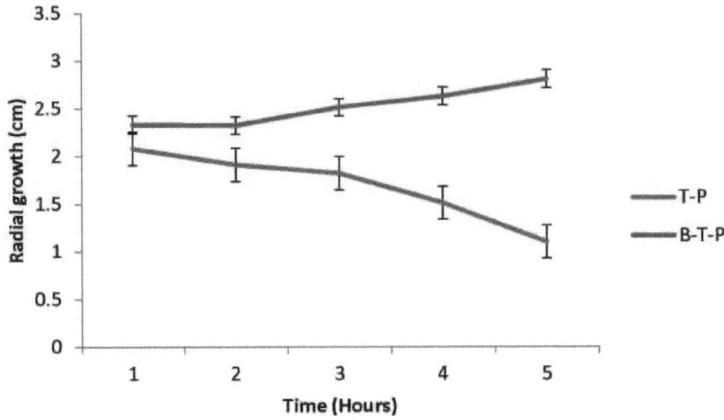

Figure 10: Avaliação *in-vitro* concomitante de *Trichoderma harzianum* contra *Pleurotus florida* (crescimento radial)

1 **0 hora**

2 **6 horas**

3 **12 horas**

4 **18 horas**

5 **24 horas**

T-P *Trichoderma harzianum - Pleurotus florida*

B-T-P *Bacillus subtilis - Trichoderma harzianum - Pleurotus florida*

Avaliação *in vitro* concomitante *de Bacillus subtilis* contra *Trichoderma harzianum* (inibição de micélios)

A inibição micelial de *T. harzianum* aumenta à medida que as horas aumentam para as combinações B-T e B-P-T, mas diminui à medida que as horas aumentam para a combinação T-B. Na inibição micelial da combinação B-T, houve uma diferença significativa nas horas de inoculação, embora 6 e 12 horas não sejam significativamente diferentes, *o T. harzianum* foi mais inibido às 24th horas. Na inibição micelial da combinação T-B, houve diferença significativa nas horas de inoculação, embora 0/6 horas e 18/24 horas não sejam significativamente diferentes, *T. harzianum* foi inibido principalmente às 6th horas. Na inibição micelial da combinação B-P-T, houve uma diferença significativa nas horas de inoculação, embora 0/6 horas e 12/18 horas não sejam significativamente diferentes, *o T. harzianum* foi inibido principalmente às 24th horas (Tabela 9). Para a combinação dos três tratamentos às seis horas, não houve diferença significativa na inibição micelial de *Trichoderma harzianum*, ao contrário das 12,18 e 24 horas, em que houve diferença significativa na inibição micelial de *Trichoderma harzianum* para os três tratamentos, como se mostra na (Figura 11).

Table 8: Avaliação concomitante *in vitro* de *B. subtilis* contra *T. harzianum* (inibição percentual do crescimento micelial em relação ao controlo)

Inibição micelial			
Tratamentos			
0	63.54	65.19	63.54
6	64.83	65.37	64.76
12	65.35	66.98	61.67
18	68.84	67.63	58.57
24	76.48	68.80	57.78
LSD	0.75	1.04	1.36

B-T ***Bacillus subtilis - Trichoderma harzianum***

B-P-T ***Bacillus subtilis - Pleurotus florida - Trichoderma harzianum***

T-B ***Trichoderma harzianum - Bacillus subtilis***

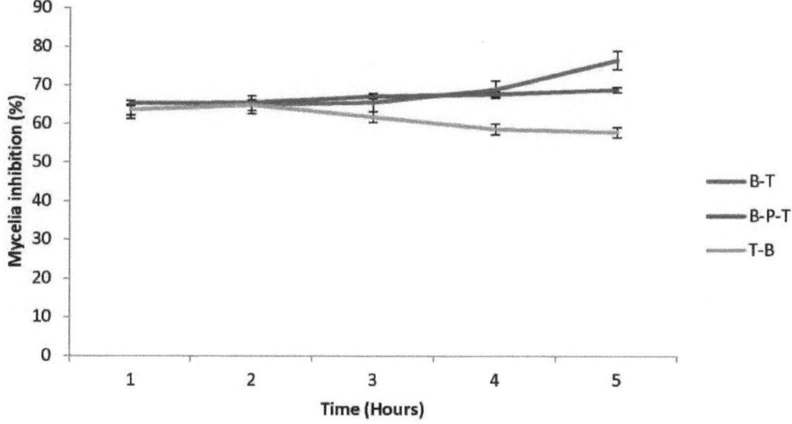

Figure 11: Avaliação *in-vitro* concomitante de *Bacillus subtilis* contra *Trichoderma harzianum*

(Inibição de micélios)

1 **0 hora**

2 **6 horas**

3 **12 horas**

4 **18 horas**

5 **24 horas**

B-T *Bacillus subtilis - Trichoderma harzianum*

B-P-T *Bacillus subtilis - Pleurotus florida - Trichoderma harzianum*

Avaliação *in-vitro* concomitante de *Bacillus subtilis* contra *Pleurotus florida* (inibição de micélios)

Verificou-se que a inibição micelial de *Pleurotus florida* na presença de *Bacillus* subtilis aumentava à medida que as horas aumentavam para a combinação B-P, mas diminuía para a combinação B-T-P à medida que as horas aumentavam (tabela 10). Na inibição micelial da combinação B-P, houve uma diferença significativa nas horas de inoculação, embora 0/6 e 6/12 horas não sejam significativamente diferentes, *P. florida* foi inibida principalmente às 24th horas. Na inibição micelial da combinação B-T-P, houve uma diferença significativa nas horas de inoculação, embora 0 e 6 horas não sejam significativamente diferentes, *P.florida* foi inibida principalmente às 6th horas (Tabela 10). Foram utilizadas duas combinações diferentes para esta avaliação, tendo sido observada uma diferença significativa na inibição micelial de *Pleurotus florida* para os dois tratamentos às 6, 12, 18 e 24 horas, como se mostra na (Figura 12).

Table 9: Avaliação concomitante *in vitro* de *B. subtillis* contra *P. florida* (inibição percentual do crescimento micelial em relação ao controlo)

Inibição micelial

Tratamentos		
Horas	B-P	B-T-P
0	49.82	74.11
6	50.89	74.24
12	51.95	72.10
18	54.10	70.81

24	57.95	68.76
LSD	1.30	0.35

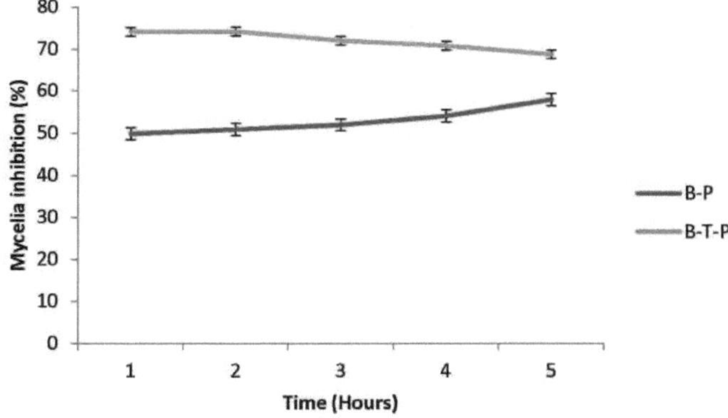

Figure 12: Avaliação *in vitro* concomitante de *Bacillus subtilis* contra *Pleurotus florida* (inibição de micélios)

1 0 hora

2 6 horas

3 12 horas

4 18 horas

5 24 horas

B-P *Bacillius subtilis - Pleurotus florida*

B-T-P *Bacillus subtilis - Trichoderma harzianum - Pleurotus florida*

Avaliação *in-vitro* concomitante de *Trichoderma harzianum* contra *Pleurotus florida* (inibição micelial)

Verificou-se que a inibição micelial de *P. florida* na presença de *T. harzianum* aumentou com o aumento das horas para a combinação B-P, mas diminuiu para a combinação B-T-P com o aumento das horas (Tabela 11). Na inibição micelial da combinação T-P, houve diferença significativa entre as horas de inoculação e *P. florida* foi inibida principalmente na hora 24th . Na inibição micelial da combinação B-T-P, houve diferença significativa nas horas de inoculação, embora 0 e 6 horas não sejam significativamente diferentes, e *P. florida* foi inibida principalmente às 6th horas. Observou-se uma diferença significativa na inibição micelial para ambos os tratamentos sob avaliação de *Trichoderma harzianum* contra *Pleurotus florida* às 6, 12, 18 e 24 horas, como se mostra na (Figura 13).

Quadro 10: Avaliação concomitante *in vitro* de *T. harzianum* contra *P. florida* (inibição percentual do crescimento micelial em relação ao controlo)

Inibição dos micélios		
Tratamentos		
Horas	T-P	B-T-P
0	76.86	74.11
6	78.80	74.24
12	79.76	72.10
18	83.26	70.81
24	87.78	68.76
LSD	0.84	0.35

T-P ***Trichoderma harzianum - Pleurotus florida***

B-T-P ***Bacillus subtilis - Trichoderma harzianum - Pleurotus florida***

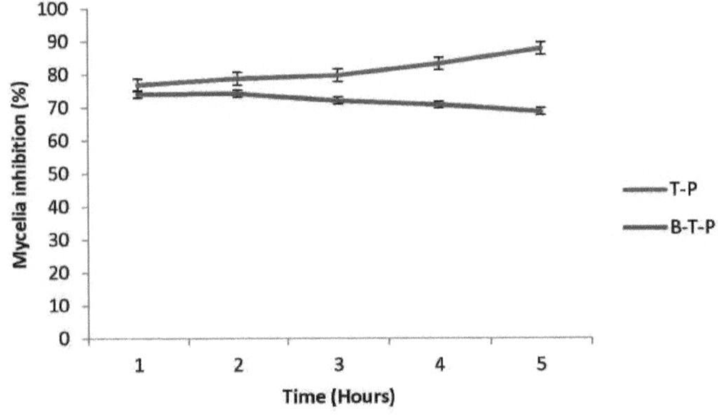

Figura 13: Avaliação *in-vitro* concomitante de *Trichoderma harzianum* contra *Pleurotus florida* (inibição de micélios)

1 0 hora

2 6 horas

3 12 horas

4 18 horas

5 24 horas

T-P ***Trichoderma harzianum - Pleurotus florida***

B-T-P ***Bacillus subtilis - Trichoderma harzianum - Pleurotus florida***

7. DISCUSSÃO

A doença do bolor verde do pleuroto (*Pleurotus* spp.) tornou-se uma grande ameaça na indústria dos cogumelos e foi referida por vários autores. Os agentes causais foram identificados como diferentes *Trichoderma* spp. (Samuels *et al.*, 2002). Mais recentemente, a doença do bolor verde *Trichoderma* do cogumelo ostra cultivado (*Pleurotus spp*) também foi relatada em vários países, incluindo a Coreia do Sul, Itália, Hungria e Roménia (Hatvani *et al.*, 2008). Verificou-se que o crescimento radial de *Trichoderma harzianum* cultivado em Ágar Batata Dextrose aumentou rapidamente quando observado durante sete dias neste estudo. Pode dizer-se que *o Trichoderma harziunum* deste estudo é capaz de colonizar rapidamente o seu meio de crescimento, como se observa no crescimento radial (cm) durante sete dias. Isto está de acordo com Bayer *et al.* (2000) que afirmaram que *Trichoderma* é um fungo patogénico que é capaz de colonizar rapidamente os substratos. A patogenicidade de *Trichoderma harzianum* em *Pleurotus florida* avaliada *in-vitro* neste estudo mostrou que *Pleurotus florida* é altamente suscetível a *Trichoderma harzianum.* Quando *o Trichoderma harzianum* foi testado simultaneamente contra o *Pleurotus florida*, o crescimento radial do *Pleurotus florida* foi de 2,08 cm no tratamento em que *o Trichoderma harzianum* e *o Pleurotus florida* foram inoculados simultaneamente em ágar batata dextrose, enquanto o seu crescimento radial foi de 9 cm na placa de controlo. Isto implica que *o Trichoderma harzianum* é capaz de reduzir o crescimento radial do *Pleurotus florida*, o que, por sua vez, terá um efeito adverso no crescimento e rendimento do *Pleurotus florida*, causando assim grandes perdas económicas aos produtores de cogumelos. Além disso, a inibição do micélio de *Pleurotus florida* por *Trichoderma harzianum*, quando avaliada simultaneamente *in vitro*, deu um valor de 76,86%. No entanto, a placa de controlo para esta avaliação foi de 0%. Os mecanismos propostos para a patogenicidade de *Trichoderma harzianum* incluem o micoparasitismo pela ação de enzimas que degradam a parede celular, a antibiose pela produção de antibióticos e a competição por espaço e nutrientes (Herrera-Estrella e Chet, 2003). A patogenicidade de *Trichoderma harzianum* em *Pleurotus florida* foi ainda avaliada em diferentes intervalos de tempo e verificou-se que o crescimento radial de *Pleurotus florida* diminuía à medida que essas horas aumentavam. A inibição do micélio de *Pleurotus florida* por *Trichoderma harzianum* aumentou à medida que essas horas aumentaram. Isto provou ainda como *o Trichoderma harzianum* pode ser patogénico contra *Pleurotus florida*, uma vez que reduziu o crescimento radial de *Pleurotus florida* com o tempo, com o micélio *de Pleurotus florida* também inibido com o tempo (Bayer *et al.*, 2000; Anderson *et al.*, 2000).

Bacillus subtilis, quando avaliado *in vitro* contra *Pleurotus florida*, permitiu um maior crescimento radial de *Pleurotus florida.* O crescimento radial de *Pleurotus florida* para o tratamento B-P (*Bacillus subtilis/Pleurotus florida*) foi de 4,52 cm, o que mostra que *Pleurotus florida* cresceu melhor na presença de *Bacillus subtilis* quando comparado com o seu crescimento na presença de *Trichoderma harzianum* (2,08 cm no tratamento *Trichoderma harzianum/Pleurotus florida*). No entanto, isto justifica a utilização de *Bacillus subtilis* como agente de controlo biológico nesta investigação. Além disso, a inibição do micélio de *Pleurotus florida* por *Bacillus subtilis* foi de 49,82%, como observado no tratamento B-P, enquanto foi de 76,86% no tratamento T-P (*Trichoderma harzianum/Pleurotus florida*). Verificou-se que o crescimento radial de *Pleurotus florida* diminuía à medida que as horas aumentavam, quando o efeito de *Bacillus subtilis* em *Pleurotus florida* foi avaliado em diferentes intervalos de tempo. Isto também foi observado na inibição do micélio de *Pleurotus florida* por *Bacillus subtilis*, que foi de 50,89%, 51,95%, 54,10%, 57,95% às 6, 12, 18 e 24 horas, respetivamente. Para a avaliação *in vitro* simultânea de *Bacillus subtilis* contra *Trichoderma harzianum*, verificou-se que o crescimento radial de *Trichoderma harzianum* foi de 3,28 cm no tratamento B-T (*Bacillus subtilis/Trichoderma harzianum*), o que demonstrou que *Bacillus subtilis* tem um grande efeito inibidor contra *Trichoderma harzianum*, uma vez que a placa de controlo com *Trichoderma harzianum* apenas tinha 9 cm. Além disso, no tratamento B-T-P (*Bacillus subtilis/Trichoderma harzianum/Pleurotus florida*), pode dizer-se que *o Bacillus subtilis* fez com que *o Trichoderma harzianum* representasse uma ameaça menor para o crescimento radial do *Pleurotus florida* (2,33 cm), em comparação com o crescimento radial do *Pleurotus florida* (2,08 cm) para o tratamento T-P (*Trichoderma harzianum/Pleurotus florida*). Isto também foi observado na inibição do micélio de *Trichoderma harzianum*, uma vez que o seu micélio foi grandemente inibido por *Bacillus subtilis.* Sugeriu-se que este facto se devia à competição, uma vez que as espécies microbianas existem em perpétua competição umas com as outras por nichos ecológicos adequados para apoiar a sua sobrevivência e crescimento. Existem diversos nichos no ambiente geral, como o solo, os habitats aquáticos, os substratos ou os meios artificiais (Chadha e Sharma, 1995). O efeito de *Bacillus subtilis* em *Trichoderma harzianum* foi investigado em diferentes intervalos de tempo e observou-se que o crescimento radial de *Trichoderma harzianum* diminuía à medida que as horas aumentavam, ou seja, 3,17 cm, 3,09 cm, 2,81 cm, 2,12 cm às 6, 12, 18 e 24 horas, respetivamente, mas a sua inibição micelial aumentava à medida que as horas aumentavam, ou seja, 64,83%, 65,35%, 68,84%, 76,48% às 6, 12, 18 e 24 horas, respetivamente. Isto está de acordo com vários relatórios de que *B. subtilis* produz uma classe de antibióticos lipopeptídeos, incluindo iturinas. As iturinas ajudam as bactérias *B. subtilis* a competir com outros microrganismos, matando-os ou reduzindo a sua taxa de crescimento (CPL, 2002). As iturinas podem também ter uma atividade fungicida direta sobre os agentes patogénicos. De acordo com um fabricante, *a B. subtilis* inibe a germinação de esporos de agentes patogénicos das plantas, interrompe o crescimento do tubo germinativo e interfere com a fixação do agente patogénico à planta. Também é referido que induz resistência sistémica adquirida (SAR) contra agentes patogénicos bacterianos (NY DEC, 2001). Foi estabelecido que a atividade lipopeptídica do *Bacillus subtilis* permite o controlo de doenças (Cline, 2004), o que o torna adequado para utilização como agente de controlo biológico contra diferentes agentes patogénicos. Em termos de saúde do ser humano, os revisores consideraram a bactéria *Bacillus subtilis* relativamente benigna. Não é um agente patogénico ou causador de doenças humano conhecido. *Bacillus subtilis* produz a enzima subtilisina, que tem sido relatada como causadora de reacções alérgicas dérmicas ou de hipersensibilidade em indivíduos repetidamente expostos a esta enzima em ambientes industriais. Os dados relativos à toxicidade aguda oral, dérmica e pulmonar, bem como os dados relativos à irritação ocular e cutânea do ingrediente ativo e/ou do produto formulado, indicam que nem a estirpe QST713 de *Bacillus subtilis* nem o produto biofungicida Serenade® foram muito tóxicos, irritantes, patogénicos ou infecciosos para os animais de laboratório pelas vias de exposição acima referidas. O produto biofungicida Serenade® provocou uma ligeira resposta de hipersensibilidade de contacto (testada em porquinhos-da-índia), indicando que é um potencial sensibilizador da pele (NY DEC, 2001).

Não foram registados efeitos toxicológicos para o *Bacillus subtilis* MBI 600 após estudos de inalação oral ou dérmica e não foi observada qualquer infecciosidade ou patogenicidade. HiStick® N/T (com base nos dados do produto Epic® anteriormente rotulado) pode ser ligeiramente irritante para os olhos e a pele e pode causar reacções cutâneas por contacto direto (NY DEC, 2000).

8. CONCLUSÃO

Este estudo revelou que *Pleurotus florida* é altamente suscetível a *Trichoderma harzianum*, uma vez que o crescimento radial de *Pleurotus florida* foi grandemente reduzido, enquanto o seu micélio foi altamente inibido por *Trichoderma harzianum* quando investigado *in-vitro*. No entanto, verificou-se que *Bacillus subtilis* foi muito eficiente na redução do crescimento radial de *Trichoderma harzianum* e também inibiu os micélios de *Trichoderma harzianum in vitro*, o que mostra que *Bacillus subtilis* tem um grande potencial para antagonizar *Trichoderma harzianum*, causando grandes perdas económicas aos produtores de cogumelos

9. Recomendação

- Uma vez que se verificou que *o Pleurotus florida* é altamente suscetível ao *Trichoderma harzianum*, com elevada incidência e gravidade da doença, deve ser dada prioridade à prevenção da doença nas explorações de cogumelos.

- *A* carga de inóculo do agente causal deve ser reduzida em investigação subsequente, uma vez que *Trichoderma harzianum* é um organismo altamente patogénico capaz de causar grandes perdas aos produtores de cogumelos.

- *O Bacillus subtilis* utilizado nesta investigação revelou-se muito eficaz no antagonismo do *Trichoderma harzianum in-vitro*, mas observou-se um potencial de controlo biológico reduzido na avaliação *in-vivo*, tal como observado na incidência e gravidade da doença. Por conseguinte

O Bacillus subtilis deve ser melhorado através de mutagénese física e/ou química quando se destina a ser utilizado como agente de controlo biológico, de modo a que a sua capacidade antagonista como organismo de controlo biológico possa ser ainda mais eficaz

10. REFERÊNCIAS

Abosriwil, S.O. e Clancy, K.J. (2002). Um protocolo para a avaliação do papel dos desinfectantes na limitação dos agentes patogénicos e dos bolores infestantes na produção comercial de cogumelos. *Pest Management Science*. 58:282-289.

Abosriwil, S.O. e Clancy, K.J. (2003). Uma técnica de mini-bolsa para avaliação dos efeitos de fungicidas sobre *Trichoderma* spp. em composto de cogumelos. *Pest Management Science*. 60:350358.

Adejoye, O. D., Adebayo-Tayo, B. C., Ogunjobi, A. A., Olaoye, O. A. e Fadahunsi, F. I.

(2006) . Efeito de fontes de carbono, azoto e minerais no crescimento de *Pleurotus florida*, um cogumelo comestível da Nigéria. *African J. Biotechnology* 5:1355-1359.

Adrienn, N., Làszló, M., Dóra, T., Lóránt, H. e Jùlia, G. (2012). Controlo biológico da doença do bolor verde do cogumelo ostra por espécies antagonistas de *Bacillus*. *Boletim IOBC-WPRS* 78:289-293

Agrahar-Murugkar, D. e Subbulakshmi, G. (2005). Nutritional value of edible wild mushrooms collected from the Khasi hills of Meghalaya. *Food Chemistry* 89:599-603.

Akinmusire, O. O., Omomowo, I. O. e Oguntoye, S. I. (2011). Desempenho do cultivo de *Pleurotus Pulmonarius* em Maiduguri, Nordeste da Nigéria, utilizando aparas de madeira e resíduos de palha de arroz. *Avanços em Biologia Ambiental* 5(8):2091 - 2094.

Anderson, M.G., Bayer, D.M. e Wuest, P.J. (2000). Utilização de estirpes resistentes de semente para gerir o bolor verde *de Trichoderma. Sci. Cultivation Edible fungi: Mushroom Sci* 2: 641-644

Anderson, M.G., Beyer, D.M. e Wuest, P.J. (2001). Comparação do rendimento de estirpes híbridas de cogumelos *Agaricus* como medida de resistência ao bolor verde *de Trichoderma. Plant Disease* 85:731-734.

Ayodele, S.M., Akpaja, E. O. e Adamu, Y. (2009). Alguns cogumelos comestíveis e medicinais encontrados na terra Igala na Nigéria e as suas utilizações socioculturais e etnomicológicas. *Procedimentos da 5ª Conferência Internacional sobre Cogumelos Medicinais, Nantong, China*. pp 526 - 531.

Backman, P.A. Wilson, M. e Murphy, J. F. (1997). Bactérias para o controlo biológico de doenças das plantas. In: *Environmentally Safe Approaches to Crop Disease Control* (Rechcigl and Rechcigl, eds). CRC Press. pp. 95-109.

Bahl, N. (1998). Handbook on mushrooms (3ª ed.). Oxford e IBH. Publishing Co. Pvt. Ltd., New

Delhi. 157:325.

Bahl, N. e Chowdhary, P.N. (1980). *Podospora faurelii*, um novo concorrente na cultura de cogumelos *(Volvariella volvacea)*. *Ciência Atual* 50:37

Banjo, N.O. Abikoye, E. T. e Kukoye, A.O. (2004). Comparação de três suplementos de nutrientes utilizados como aditivos para serradura durante o cultivo de pleuroto (*Pleurotus pulmonaris*). *Nigeria Journal of Microbiology* 18:335-336.

Bayer, D.M., Wuest, P.J. e Kremser, J.J. (2000). Avaliação dos factores epidemiológicos e das caraterísticas do substrato dos cogumelos, que influenciam a ocorrência e o desenvolvimento do bolor verde *de Trichoderma. Sci. Cultivation Edible fungi: Mushroom Sci.* 15:633-640

Belewu, M. A. (2002). Conversão de serradura de Mansonia e subprodutos de plantas de algodão em ração por fungos de podridão branca (*Pleurotus sajor caju*). *J. Sci. Agric. Food Tech. Environ.* 1(2):234-250.

Belewu, M. A. (2003). Qualidades nutricionais de espigas de milho e resíduos de papel incubados com cogumelos comestíveis (*Pleurotus sajor caju*). *Nig. J. Anim. Prod.* 30(1):20-25.

Belewu, M.A. e Belewu, K.Y. (2005). Cultivo de cogumelos (*Volvariella volvacea*) em folhas de bananeira. *Afr. J. Biotechnol.* 4(12):1401-1403.

Bhavani, D. e Nair, M.C. (1986). Popularização de *Volvariella* spp. nos trópicos. In: *Beneficial Fungi and Their Utilization* (Nair M.C e Balakrihnan J.R eds). Scientific Pub.Jodhpur. pp. 25-33.

Castle, A., Speranzini, D., Rghei, N., Alm, G., Rinker, D. e Bissett, J. (1998). Identificação morfológica e molecular de isolados de *Trichoderma* em explorações de cogumelos na América do Norte. *Applied and Environmental Microbiology* 64:133-137.

Catlin, N.J., Wuest, P.J. e Beyer, D.M. (2004). Bolor verde abrigado pela madeira: Vaporização pós-colheita e conservantes. *Ciência dos Cogumelos* 16:449-458.

Chadha, K.L. e Sharma, S.R. (1995). Investigação sobre cogumelos na Índia - história, infraestrutura e realizações. In: *Avanços em Horticultura* 13:1-33.

Chang, S.T. (1991). Cultivated mushrooms, In: *Handbook of Applied Mycology*. Capítulo 3: pp. 221-240.

Chang, S.T. (2010). Asian and Pacific Centre for Agricultural Engineering and Machinery (APCAEM), A-7/F, China International Science and Technology Convention Centre, no. 12, Yumin Road, Chaoyang district, Beijing 100029, China.

Chang, S.T. e Miles, P.G. (1989). Edible mushrooms and their cultivation (Cogumelos comestíveis e seu cultivo). *CRC Press, Inc Florida*. p. 345.

Chang, S.T. e Miles, P.G. (1992). Mushroom biology-a new discipline. *Mycology Journal* 6: 64-65.

Chang, S.T. e Mshigeni, K.E. (2001). Os cogumelos e a sua saúde humana: a sua importância crescente como suplementos alimentares potentes. Uni. of Namibia, Windhoek. pp. 1-79.

Chinda, M.M. e Chinda, F. (2007). Cultivo de cogumelos para saúde e riqueza. Apapa printers and Converters Ltd. Lagos. pp. 64-65.

Clara, F.M. (2001). Cultura de cogumelos comestíveis nas Filipinas. *Jornal de Agricultura* 8(2):22-232.

Clift, A.D. e Shamshad, A. (2009). Modelação de ácaros, bolores e rendimentos de cogumelos na indústria australiana de cogumelos. In: *Actas do 18º Congresso Mundial IMACS / MODSIM, Cairns, Austrália, 13-17 de julho de 2009*. pp. 491-497.

Coughlan, M.P. e Ljungdahl, L.G. (1988). Bioquímica comparativa do sistema enzimático celulolítico fúngico e bacteriano. In: *Biochemistry and Genetics of Cellulose Degradation* (Aubert J.P., Beguin P.e Millet J. eds.). pp. 11-30

CPL Scientific Publishing Services Ltd. 2002. Diretório Mundial de Agrobiologia

página web datada de 8-28-2002. http://www.agrobiologicals.com/glossary/G1667.htm

Danesh, Y.R., Goltapeh, E.M. e Rohani, H. (2000). Identificação de espécies de *Trichoderma* causadoras de bolor verde em explorações de cogumelos botão, distribuição e sua abundância relativa. *Actas do 15º Congresso Internacional sobre a Ciência e o Cultivo de Fungos Comestíveis, 15-19 de maio de 2000, Maastricht, Países Baixos*. pp. 653-659.

Das, N. e Mukherjee, M. (2007). Cultivo de *Pleurotus ostreatus* em plantas infestantes.

Bioresearch Technology 98:2723-2726

Dlamini, B. E., Earnshaw, D. M. e Masarirambi, M. T. (2013). Resposta de crescimento e rendimento do Oyster Mushroom (*Pleurotus ostreatus*) cultivado em diferentes substratos disponíveis localmente. *International Journal of Agric. Science* 3(4):354-364

Doshi, A., Sharma, S.S. e Trivedi, A. (1991). Problemas de bolores concorrentes e insectos-praga

e seu controlo nos leitos de *Calocybe indica* P&C. *Adv. Mush. Sci.* p. 57.

Druzhinina, I.S., Komon-Zelazowska, M., Kredics, L., Hatvani, L., Antal Z., Belayneh, T. e

Kubicek, C.P. (2008). Estratégias reprodutivas alternativas de *Hypocrea orientalis* e *Trichoderma longibrachiatum* geneticamente próximos, mas clonados, ambos capazes de causar micoses invasivas em humanos. *Microbiology-SGM* 154:3447-3459.

Dundar, A., Hilal, A. e Abdunnasir, Y. (2008). Desempenho da produção e conteúdo nutricional de três espécies de pleurotos cultivados em talo de trigo. *Jornal Africano de Biotecnologia* 7(19):3497-3501.

Eswaran, A. e Ramabadran, R. (2000). Estudos sobre alguns aspectos fisiológicos, culturais e pós-colheita do pleuroto, *Pleurotus ostrateous*. *Trop. Agri. Res.*12:360-374.

Fletcher, J.T. (1990). Doenças de *Agaricus bisporus* causadas por *Trichoderma* e *Penicillium*. A literature review for the Horticultural Development Council. London: ADAS.

Fletcher, J.T., Connolly, G., Mountfield, E.X. e Jacobs, L. (1980). O desaparecimento de benomyl do invólucro de cogumelos. *Anais de Biologia Aplicada* 95:73-82.

Garcia-Morras, J.A. e Olivan, R. (1999). *Problemática atual de Trichoderma Pers.* In: *2.*

Jornadas Técnicas del Champinón y Otros Hongos Comestibles en Castilla-La Mancha, Casasimarro, Cuenca (Espana), 4-5 Nov 1997, DPC PPE, Cuenca, Espanha. pp. 131-140.

Geda, A.K. e Joshi, P.K. (2006). Nutritional qualities of Mushrooms (Qualidades nutricionais dos cogumelos). Compodium of lectures-Emerging Areas in Mushroom Diversity, Production and post Harvest Developments. pp. 53-68.

Godfrey, E.Z., Siti, M.K. e Judith, Z.P. (2010). Efeitos da temperatura e do hidrogénio

peróxido de hidrogénio no crescimento micelial de oito estirpes de *Pleurotus*. *Scientia Horticulture* 125:95-102.

Goltapeh, E.M., Jandaik, C.L., Kapoor, J.N. e Prakash, V. (1989). *Cladobotryum verticillatum* - um novo agente patogénico do cogumelo da orelha de judeu que causa a doença da teia de aranha. *Indian Phytopath.* 42:305

Grogan, H. (2008). Desafios enfrentados pelo controlo das doenças dos cogumelos no século XXI. *Actas da 6ª Conferência Internacional sobre Biologia de Cogumelos e Produtos de Cogumelos*. pp. 120-127.

Gyorfi, J. (2002). Zoldpeneszek, *Trichoderma* fajok. *Magyar Gomba* 18:28-29.

Hatvani, L., Kocsubé, S., Manczinger, L., Antal, Z., Szekeres, A., Druzhinina, I.S., Zelazowskam, M., Kubicek, C.P., Nagy, A., Vâgvolgyi, C. e Kredics, L. (2008). A ameaça global da doença do bolor verde para a cultura do pleuroto (*Pleurotus ostreatus*): uma revisão. *Mushroom Sci.* 17:485-495

Herrera-Estrella, A. e Chet, I. (2003). O agente de controlo biológico *Trichoderma*, dos fundamentos às aplicações. Em: (Arora D.K., Bridge P.D. e Bhatnagar D. eds). *Fungal Biotechnology in*

Agricultural, Food, and Environmental Applications (Biotecnologia Fúngica em Aplicações Agrícolas, Alimentares e Ambientais). Md: Nova Iorque, NY: Marcel Dekker. pp. 147-156.

Khan, A., Kong, W., Lebauer, D.S., Lin, Z. (2005). Mushroom growers handbook, Oyster mushroom cultivation. CRC Press. pp. 30-55.

Khare, B.K., Achwanya, M.J., Mutuku, M.E., Ganthuru, e Ombiri, J. (2014). Desenvolvimento e Biotecnologia do Cultivo de Cogumelos *Pleurotus*. *Jornal de Ciência e Tecnologia* 6:24-30.

Kredics, L., Antal, Z., Doczi, I., Manczinger, L., Kevei, F. e Nagy, E. (2003). Importância clínica do género *Trichoderma*. *Ata Microbiologica et Immunologica Hungarica* 50:105-117.

Kubicek, C.P. e Penttila, M.E. (1998). Regulação da produção de polissacáridos vegetais

enzimas de degradação por *Trichoderma*. Em: (Harman G.E. e Kubicek C.P. eds.). *Trichoderma* and *Gliocladium Enzymes, Biological Control and Commercial Applications*. Md: Londres: Taylor and Francis. pp. 49-71.

Kumar, S. e Sharma, S.R. (1998). Transmissão de bolores parasitas e competidores de cogumelos de botão através de moscas. *Mush.Res*. 7(1):25-28.

Kumari, D. e Achal, V. (2008). Efeito de diferentes substratos na produção e na atividade antioxidante não enzimática de *Pleurotus ostreatus*. *Life Science Journal* 5(3):1-5.

Largeteau-Mamoun, M.L., Mata, G. e Savoie, J.M. (2002). Doença do bolor verde: Adaptação de *Trichoderma harzianum* Th2 ao composto de cogumelos. In: (Sanchez eds.). *Mushroom Biology and Mushroom Products. Actas da 4ª Conferência Internacional sobre Biologia de Cogumelos e Produtos de Cogumelos, Cuernavaca, México, 20-22. fevereiro de 2002*. pp. 179-187.

Lelley, J. Desinfeção na cultura de cogumelos - possibilidades e limites. *Mushroom Journal*. 1987;14:181-187.

Lelley, J. e Straetman, U. (1986). Higiene em unidades de cultivo de cogumelos - desinfeção, desinfectantes e a sua adequação a explorações de cogumelos. *Developments in Crop Science*. 10:621-636.

Levanon, D., Rothschild, N., Danai, O. e Masaaphy, S. (1993). Tratamento a granel de substrato para cultivo de cogumelos shiitake (*Lentinus edodes*) em palha. *Bioresource Technology* 45:63-64.

Minjares-Carranco, A., Trejo-Aguilar, B.A., Guillermo, A. e Viniegra-Gonzalez, G. (1997).

Comparação fisiológica entre mutantes produtores de pectinase de *Aspergillus niger* adoptados quer à fermentação em estado sólido quer à fermentação submersa. *Enzyme Microb. Technol.* 21:25-31.

Moore, D. e Chi, S.W. (2005). Produtos de fungos como alimento. In: (Hyde K.O. eds.). *Bio-*

explotação de fungos filamentosos. Fungi Diversity Res. 6:223-251.

Morris, E., Doyle, O. e Clancy, K.J. (1995). Um perfil das espécies de *Trichoderma* na produção de composto de cogumelos. *Mushroom Science* 14:611-618.

Morris, E., Harrington, O. e Doyle, O.R.E. (2000). Doença do bolor verde, o estudo das caraterísticas de sobrevivência e dispersão do bolor infestante *Trichoderma*, na indústria irlandesa de cogumelos. *Mushroom Science* 15:645-652.

Muneera, F. e Sahera, N. (2014). Avaliação de agentes de controlo biológico *in-vitro* contra *Fusarium oxysporum* que causa a podridão de *Fusarium* de *Pleurotus* spp. *Jornal Internacional de Publicações Científicas e de Investigação* 4(11):2250-3153.

Muthumeenakshi, S., Brown, A.E. e Mills, P.R. (1998). Comparação genética das estirpes agressivas de fungos infestantes de *Trichoderma harzianum* do composto de cogumelos na América do Norte e nas Ilhas Britânicas. *Mycological Research* 102:385-390.

Muthumeenakshi, S., Mills, P.R., Brown, A.E. e Seaby, D.A. (1994). Variação molecular intra-específica entre isolados de *Trichoderma harzianum* que colonizam composto de cogumelos nas Ilhas Britânicas. *Microbiologia* 140:769-777.

Nair, N.G. e Macauley, B.J. (1987). Doença da bolha seca de *A. bisporus* e *A. bitorquis* e seu controlo pelo complexo procloraz manganês. *NZJ Agric. Res.* 30(1):107-116.

Nasir, A.K., Ajamal, M., Jane, N., Sadia, A. e Asif, M.A. (2013). Valor nutricional de *Pleurotus flabellatus djamor* (*r-22*) cultivado em serragem de diferentes madeiras. *Pak. J. Bot.* 45(3):1105-1108.

Nayana, J. (2000). Atividade antioxidante e antitumoral de *Pleurotus florida. Atual*

Ciência 79:7-10.

Nwanze, P.I., Khan, A.U., Ameh, J.B. e Umoh, V.J. (2005). O efeito da interação de vários grãos de semente com diferentes meios de cultura nos pesos secos dos carpóforos e nos diâmetros do estipe e do píleo de *Lentinus squarrosulus* (Mon.) singer. *Afr. J. Biotechnol.* 4:615619.

NY DEC. 2000. M. Serafini. Departamento de Conservação Ambiental do Estado de Nova Iorque

http://pmep.cce.comell.edu/profiles/fung-nemat/aceticacidetridiazole/
bacillus_subtilis/Bacillus_subtilis_900.html.

NY DEC. 2001. M. Serafini, Departamento de Conservação Ambiental do Estado de Nova Iorque.

http://pmep.cce.comell.edu/profiles/fung-nemat/aceticacidetridiazole/
bacillus_subtilis/bacillus_label_401.html.

Oei, P. (1996). Cultivo de cogumelos. Manual de cultivo de cogumelos. Aplicação comercial técnica em países em desenvolvimento. *Tools publications, Amsterdão*. pp. 94-119.

Oei, P. (2003). Mushroom cultivation, appropriate technology for mushroom growers (Cultivo de cogumelos, tecnologia apropriada para produtores de cogumelos). Backhugs Publishers, Leiden. Países Baixos. pp. 150-183.

Okhuoya, J.A. e Okgobo, F.O. (1990). Cultivo de *Pleurotus tuber-regium* (Fr) Sing em

vários resíduos agrícolas. *Pro. Okla Acad. Sc.*71:1-3.

Ortega, G.M., Martinez, E.O., Betancourt, D., Gonzalez, A.E. e Otero, M. A. (1992). Bioconversão de resíduos de culturas de cana-de-açúcar com fungos de podridão branca *Pleurotus* species. *World Journal of Microbiology and Biotechnology* 8 (4):402-405.

Ospina-Giraldo, M.D., Royse, D.J., Chen, X. e Romaine, C.P. (1999). Análises filogenéticas moleculares de estirpes de controlo biológico de *Trichoderma harzianum* e outros biótipos de *Trichoderma* spp. associados ao bolor verde dos cogumelos. *Phytopatology* 89:308-313.

Papavizas, G.C. (1985). *Trichoderma* e *Gliocladium*: Biology, Ecology, and Potential for

controlo biológico. *Revisão Anual de Fitopatologia* 23:23-54.

Patil, S.S., Ahmed, S.A., Telang, S.M. e Baig, M.M.V. (2010). O valor nutricional de *Pleurotus ostreatus* (Jacq. Fr) Kumm cultivado em diferentes agro-resíduos lignocelulósicos. *Biotecnologia Alimentar Romena Inovadora* 7:66-76.

Peil, R.M., Rosseto, E.A., Pierobom, C.R. e Rocha, M.T. (1996). Desinfestação de composto para cultivo de cogumelo *Agaricus bisporus* (Lange) Imbach. *Revista Brasileira de Agrociência* 2:159-164.

Pelkonen, O. e Turpeinen, M. (2007). "Extrapolação *in-vitro e in-vivo* da depuração hepática: ferramentas biológicas, factores de escala, pressupostos do modelo e concentrações corretas". *Xenobiotica* 37 (10-11):1066-1089.

Pettipher, G. L. (1987). Cultivo do cogumelo-ostra (*Pleurotus ostreatus*). *Med. Mushrooms* 1:31-62.

Qi T., Ospina-Giraldo M.D., Romaine, C.P., Schlagnhaufer, B., Xi, C., Huff, D. e Royse, D.J. (1996). Análise genética de *Trichoderma* spp. associada à epidemia de bolor verde nos cogumelos. *Phytopathology* 86:89.

Quimio, T.H. (1986). Guide to low-cost mushroom cultivation in the Tropics (Guia para o cultivo de cogumelos de baixo custo nos trópicos). Univ. das Filipinas em Los Banos. p.73.

Quimio, T.H. (1988). Reciclagem contínua de palha de arroz na cultura de cogumelos para alimentação animal. Em: (Chang S.T. Chan K. e Woo N.Y.S. eds.). *Recent Advances in Biotechnology and Applied Microbiology (Avanços recentes em biotecnologia e microbiologia aplicada). Imprensa da Universidade Chinesa, Hong Kong*. pp. 595-602.

Quimo, H. T. (2002). Porquê cultivar cogumelos. *Mushroom Growers Hand Book 1*. Capítulo 1: pp. 412.

Quimio, T.H., Chang, S.T. e Royse, D.J. (1990). Diretrizes técnicas para o cultivo de cogumelos nos trópicos. *FAO Plant Production and Protection* 106:152.

Rinker, D.L. e Alm, G. (2000). Gestão da doença do bolor verde no Canadá. *Mushroom Ciência* 15:617-623.

Rinker, D.L. e Alm, G. (2008). Gestão de *Trichoderma* de invólucro usando fungicidas. *Ciência dos Cogumelos* 8:496-509.

Romaine, C.P.D., Royse, D.J. e Schlagnhaufer, C.R. (2005). *Trichoderma* superpatogénico resistente a TopsinM encontrado na Pensilvânia e em Delaware. *Mushroom News* 53:6-9.

Sadler, M. (2003). Propriedades nutricionais dos fungos comestíveis. *Br. Nutr. Found. Nutr. Bull.* 28:305308.

Salami, A.O. e Elum, E.A. (2010). Biorremediação de um solo poluído com petróleo bruto com *Pleurotus pulmonarius* e *Glomus mosae* usando *Amaranthus hybridus* como planta de teste. *1st Congresso mundial de biotecnologia, 14-15 de fevereiro de 2012, Dubai, EAU*. pp. 200-205

Salami, A.O., Bankole, F.A. e Olawole, I.O. (2016). Efeito de Diferentes Substratos no Crescimento e Conteúdo Proteico do Cogumelo Ostra (*Pleurotus florida). Revista Internacional de Ciências Biotécnicas e Químicas* 10(2):475-485

Samuels, G.J., Dodd, S.L., Gams, W., Castlebury, L.A. e Petrini O. (2002). Espécies *de Trichoderma* associadas à epidemia de bolor verde em *Agaricus bisporus* cultivado comercialmente. *Mycologia* 94:146-170.

Sandhu, G.S. (1995). Situação das pragas nos cogumelos cultivados na Índia. In*:* (Wuest, P.J., Gela Royse, D.J. and Beelemen, R.B. eds) *Cultivating Edible Fungi* Elsevier Sci. Pub. Países Baixos pp. 649-665

Seaby, D.A. (1996a). Differentiation of *Trichoderma* taxa associated with mushroom production. *Patologia Vegetal* 45:905-912.

Seaby, D.A. (1996b). Investigação da epidemiologia do bolor verde do cogumelo (*Agaricus bisporus*) causado por *Trichoderma harzianum*. *Patologia Vegetal* 45:913-923.

Seaby, D.A. (1987). Infeção de composto de cogumelos por espécies de *Trichoderma*. *Cogumelo Revista* 179:355-361.

Seaby, D.A. (1989). Outras observações sobre *Trichoderma. Mushroom* 197:147-151.

Seth, P.K. (1977). Patógenos e competidores de *A. bisporus* e seu controlo. *Indian J. Mush.* 3:31-40.

Seth, P.K., Kumar, S. e Shandilya, T.R. (1973). Combate à bolha seca dos cogumelos. *Indian Hort.* 18(2):17-18.

Shaiesta, S., Sahera, N. e Shaheen, K. (2013). Eficácia dos fungicidas contra *Trichoderma spp* que causam a doença do bolor verde do cogumelo ostra (*Pleurotus sajor-caju*). *Research Journal of Microbiology* 8(1):13-24.

Sharma, S.R. (1992). Compost and casing mycoflora from mushroom farms on northern India. *Mush. Res.* 1:119-121.

Sharma, S.R. (1994). Pesquisa de doenças em cogumelos cultivados. Ann. Rep. NRCM, pp. 23.

Sharma, S.R. (1995). Pesquisa de doenças em cogumelos cultivados. Ann. Rep. NRCM, pp. 23.

Sharma, S.R e Vijay, B. (1993). Bolores concorrentes - uma séria ameaça ao cultivo de *A. bisporus* na *Índia. Proc. Simpósio do jubileu de ouro. Hort. Soc. India. Bangalore* pp. 312-313.

Sharma, S.R. e Vijay B. (1996). Prevelance and interaction of competitor and parasitic moulds in *A. bisporus. Mush. Res.* 5(1):13-18.

Sharma S.R. e Kumar, S. (2000). Estudos sobre a doença da bolha húmida do cogumelo de botão branco, *A. bisporus*, causada por *M. perniciosa. Mush. Sci.* 15(2):569-575.

Sohi, H.S. (1988). Doenças do cogumelo de botão branco (*A. bisporus*) na Índia e o seu controlo. *Indian J. Mycol. Pl. Path.* 18:1-18.

Sonali, D.R. (2012). Departamento de Biotecnologia, Faculdade de Artes e Ciências de Walchnad, Solapur, Índia. *Biblioteca de Investigação Pelagia.*

Stanley, H.O. (2010). Efeito dos substratos de produção de semente no crescimento micelial de espécies de Oyster Mushroom. *Agric. Biol. J. N. Am.* 1(5):817-820.

Stanley, R.P. (2011). Enumerative combinatorics. Cambridge University Press, 49.

Staunton, L. (1987). Bolor verde *de Trichoderma* em composto de cogumelos. *The Mushroom Journal* 179:362-363.

Syed, A.A., Kadam, J.A., Mane, V.P., Patil, S.S. e Baig, M.M.V. (2009). Eficiência biológica e conteúdo nutricional de *Pleurotus florida* (Mont.) Singer cultivado em diferentes resíduos agrícolas.

Natureza e Ciência 7 (1):44 - 48.

Viziteu, G. (2000). Substrato - palha de cereais e espigas de milho. In: Mushroom Growers' Handbook1, Gush, R. (Ed.). P and F publishers, EUA. pp. 86-90.

Wermer, A.R. e Beelman, R.B. (2002). Cultivo de cogumelos comestíveis e medicinais com alto teor de selénio (*Agaricus bisporus* (J. Lge) Imbach) como ingredientes para alimentos funcionais ou suplementos dietéticos. *Int. J. Med. Mushr.* 4:167-171.

Won-Sik, K. (2004). Descrições de espécies de *Pleurotus* comercialmente importantes. In: *Manual para Produtores de Cogumelos.* p.1-8.

Yadav, M. C., Singh, S. K., Verma, R. N. e Vijay, B. (2001). Efeito do composto de cogumelos usados (*Agaricus bisporus)* no rendimento do milho híbrido. *Mushroom Research.* 10:117-119.

APÊNDICE I

PREPARAÇÃO DE SOLUÇÕES, REAGENTES E MEIOS DE CULTURA

Meio de caldo MR-VP

Composição g/l

Reagentes de teste Voges-Proskauer (VP)

Composição

Reagente A: Alfa-naftol

Etanol (5%)

Reagente B: Hidróxido de potássio

Água destilada

Reagentes de vermelho de metilo

Composição

Vermelho de metilo

Etanol (95%)

Água destilada

Preparação do ágar-amido

Extrato de carne de bovino

Ágar-ágar

Amido

Triptona

Água destilada

APÊNDICE II

PLACAS PARA INVESTIGAÇÃO *IN VITRO*

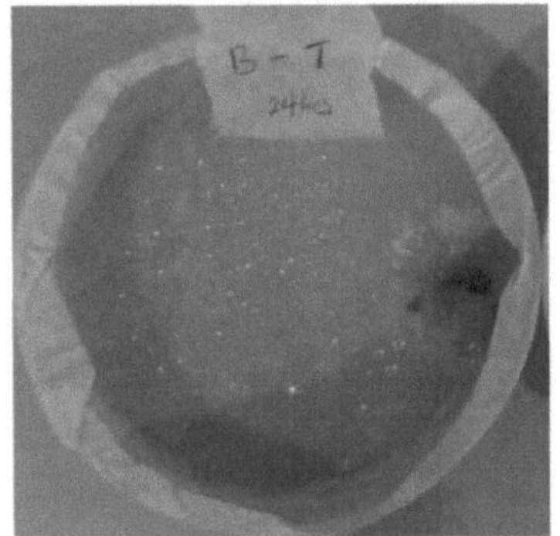

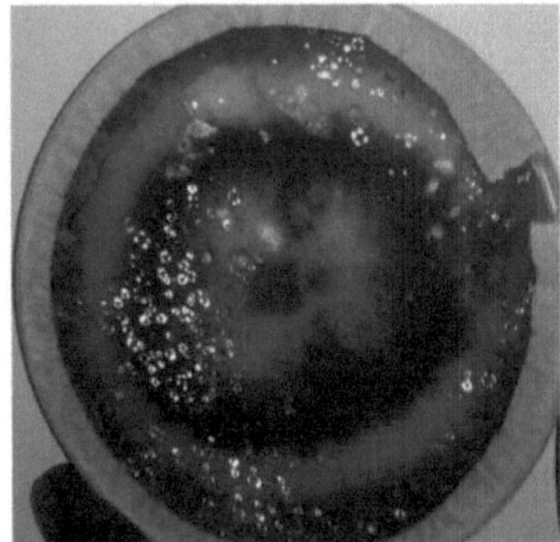

Placa 10a: *Bacillus subtilis* contra *Trichoderma harzianum* (*B.subtilis* antes de *T.harzianum*)

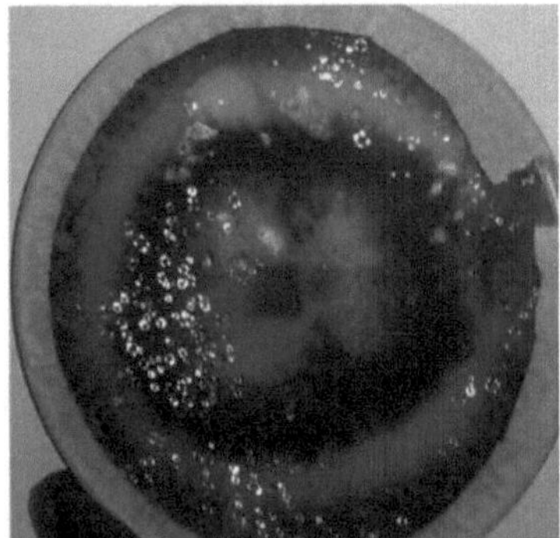

Placa 10b: *Bacillus subtilis* contra *Trichoderma harzianum* (*T.harzianum* antes de *B.subtilis*)

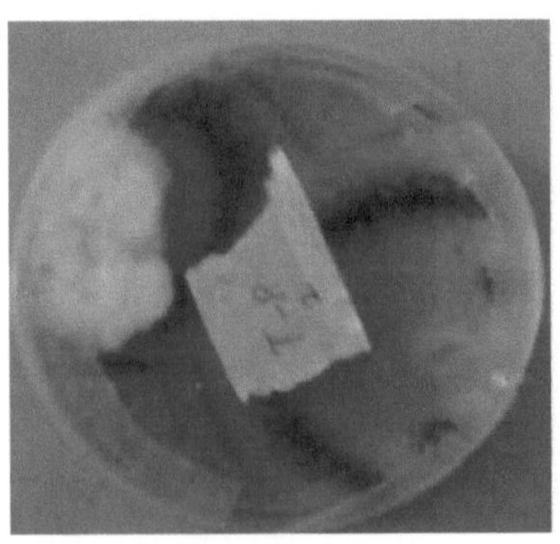

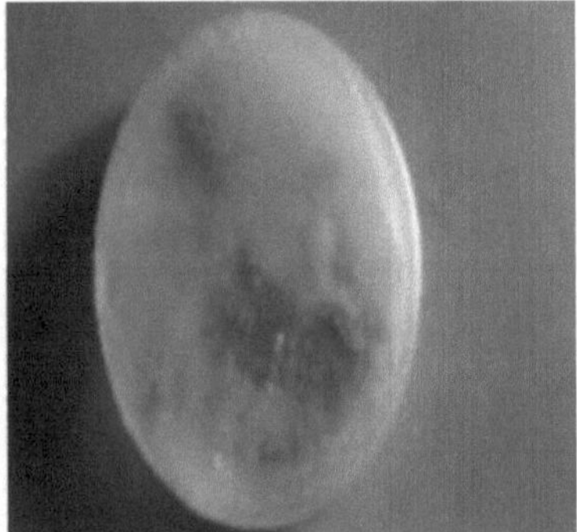

Placa 11a: *Trichoderma harziunum* contra *Pleurotus florida*

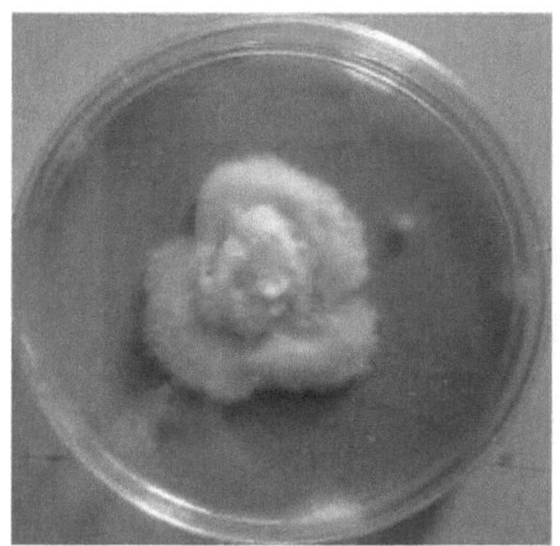 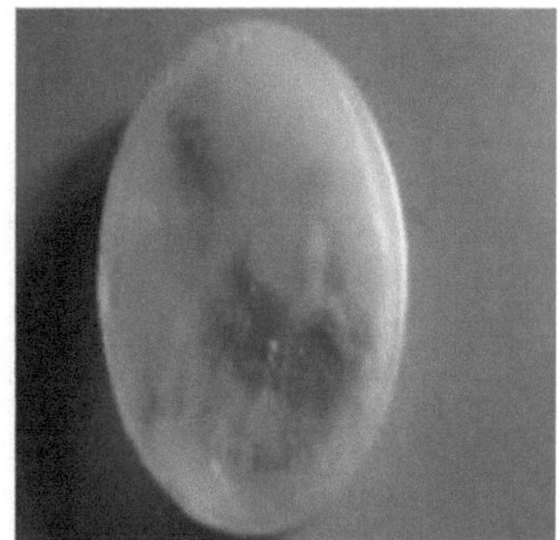

Placa 11b: ***Bacillus subtilis*** **contra** ***Pleurotus florida***

Printed by Books on Demand GmbH, Norderstedt / Germany